精彩的赛事 成功的实践

中国大学生计算机设计大赛 10周年 纪念画册

（2008—2017）

Wonderful Competition and Successful Practice

The 10th Anniversary of Chinese Collegiate Computing Competition

中国大学生计算机设计大赛组委会　编

中国铁道出版社

CHINA RAILWAY PUBLISHING HOUSE

序

    2007 年 9 月，在中国人民大学召开的教育部高等学校文科计算机基础教学指导委员会工作会议上，有人提议开展一项主要面向文科生的计算机设计大赛，得到了与会专家的积极响应，一场延续了十年、对我国计算机基础教育产生深远影响的赛事就这样启航了。由于中国人民大学是教育部高等学校文科计算机基础教学指导分委员会秘书处所在单位，我从 2013 年起担任了大赛组织委员会的主任。回顾十年的历程，大赛规模从小到大，覆盖面从文科到理工农医所有门类，影响力度从小到大、范围愈来愈广，如今大多数本科院校参加了这一赛事，成为我国面向大学生的一项重要计算机设计赛事。总结大赛经验，我认为有以下几个特点：

    第一，主题好。大学生计算机设计大赛强调技术与创意相结合。一方面强调作品的创意，一方面还要强调利用计算机技术实现创意的能力和效果。不同于很多专业类的竞赛，例如 ACM 大学生程序设计大赛主要是考察程序设计的能力，我们的计算机设计大赛更加重视"设计"要素，赛题大多是需要学生有自己的思想和创意的。设计和技术这两方面能力的培养对于文科学生尤为重要。

    第二，组织好。从第一届大赛开始，就对大赛的方方面面进行了规定，这使得大赛组织规范有序。从第二届大赛开始，将大赛规程，加入上届部分优秀作品，正式出版了《中国大学生计算机设计大赛参赛指南》。在这里要感谢免费出版指南的中国铁道出版社、清华大学出版社和浙江大学出版社。其次，在大家的共同努力下，逐步形成了三级赛的模式，以校赛为基础，以省级选拔赛为核心，以国赛现场决赛为高潮。校赛与计算机基础课程教学过程有机结合，用竞赛的方式培养学生对于教学内容的综合运用能力。省级赛起到了承上启下的作用，已经有越来越多的省级赛都由省（自治区、直辖市）教育主管部门发文组织，提升了大赛的权威性。国赛则在一个更大的平台上促进了不同地区不同高校之间师生的交流。

    第三，文化好。一群志愿者，为了一个共同的目标走到一起，他们不计较个人报酬，一心扑在大赛的组织和作品评审工作上。在这里特别要提及二位老师，一位是教育部原副部长周远清同志，他亲自担任大赛组委会主任，后来又担任名誉主任，不仅在大赛的顶层设计上给予指导，而且从第一届开始，每年都去参加几场大赛开、闭幕式，为师生们鼓劲；另一位是组委会秘书长卢湘鸿同志，不顾年事已高，十年如一日，坚持在大赛现场指导工作，起到了主心骨的作用，为大赛的发展作出了突出的贡献。借助这次大赛十周年纪念活动，我们还要表彰一大批为大赛作出突出贡献的老师们。周部长和卢老师是大赛组织群体中的杰出代表。

    祝愿中国大学生计算机设计大赛越办越好！

中国人民大学党委书记

中国大学生计算机设计大赛组委会主任

2018 年 1 月 31 日

目录

01 数说十年　见微知著 ... 1

02 大赛回顾　展望未来 ... 13

03 赛场花絮　流光溢彩 ... 49

04 作品选录　撷英集粹 ... 209

05 表彰先进　以拓前路 ... 243

06 大赛要事　缀玉联珠 ... 295

01

数说十年 见微知著

搭合竞技谱春秋，
计科创设遍九洲。
各路英豪千千万，
润物无声涓涓流。

"数说"大赛十年

中国大学生计算机设计大赛已经走过了十年，在方方面面的共同努力下，取得了显著的成绩，为此，大赛组委会决定在北京隆重举行纪念大会。开这个会的目的无非两个方面：第一，表彰为大赛发展做出重要贡献的人和机构，对其辛勤付出表示感谢；第二，回顾大赛的历程、总结大赛经验，不忘初心，继续前进。

为了做好这件事情，组委会成立了一个大赛十周年纪念大会筹备组，成员为在北京的一些老师，包括卢湘鸿、刘志敏、邓习峰、尤晓东、李吉梅、曹永存、曹淑艳、李四达、杜小勇、姚琳等10人。筹备组每个月开一次短会，通报各项工作的进展、讨论决定一些重要事情。

先说说表彰。这是必须做好的第一件事情。一开始就确定了"用数据说话"的基本原则，在统计数据的基础上，决定应该表彰谁。经过讨论，设立了国赛十年·国赛优秀组织奖、国赛十年·省级赛优秀组织奖、国赛十年·院校优秀组织奖、国赛十年·特别贡献奖、国赛十年·卓越指导教师奖、国赛十年·资深评委奖、国赛十年·杰出评委奖、国赛十年·卓越服务奖等奖项。除此之外，对于大赛发展的某个方面做出了突出贡献的老师给予特别贡献奖，包括提出大赛倡议并积极承办了第1届大赛的华中师范大学的郑世珏老师、为大赛设计了Logo的山东工艺美术学院的顾群业老师、持续支持和指导大赛的教育部原副部长周远清、在大赛评委遴选和组织等方面突出贡献的中国人民大学的杨小平老师等。

再说说总结。这是对大赛未来发展非常重要的事情。组委会决定要出一本纪念册，为此，我们邀请了几位长期参与大赛、对大赛有感悟的老师撰写回忆文章，力图以这种方式展示大赛的文化。

最后说说大会的内容。大家觉得这应该是一次学术交流的会议。除了表彰和纪念以外，学术报告和征文是关键的、不可或缺的环节。为此成立了独立的学术组，希望按照正规的学术会议进行征文、评审和报告，今后可以发展成为从事计算机基础教学的老师们进行学术交流的一个主要组织。曹淑艳老师、金莹老师和赵宏老师具体负责这项工作。

中国大学生计算机设计大赛的定位是用大赛的形式和平台培养非计算机类专业学生运用计算机的工具解决其专业问题的综合能力，强调解决问题的创意和实现创意的技术水平。因此，参与面一直以来就是衡量大赛成功的关键要素。整个大赛的组织采取三级赛的模式，即校内赛、省级赛和国赛。其中，校内赛是基础，省级赛是核心，国赛是高潮。

下面我们用一组数据来展示大赛十年不断发展壮大的过程。

1. 参赛作品统计

作品是大赛的产品，参赛作品的多少和增长率客观地反映了大赛的发展情况。表1和图1是历年大赛作品数量的变化情况。

2008年第1届大赛，受宣传面的限制，主要是教育部高等学校文科计算机基础教学指导委员会的委员和专家所在院校参与，总共仅有数十所院校的200多件作品参与，参赛学生仅数百人。

经过10年的发展，2017年第10届大赛，参赛院校达到约500所，竞赛采取校赛、省级赛、国赛决赛三级赛制，校赛级别的报名数达到数万件、参赛学生约10万人规模，省级赛参赛作品达到万件、参赛学生数万人规模，最终进入国赛决赛的作品近3 000件、参赛学生近7 000人。

2

Wonderful Competition and Successful Practice
The 10th Anniversary of Chinese Collegiate Computing Competition(2008-2017)

表 1 历年参赛作品数量

年 份	届 次	参赛作品数	环比增长 /%
2008 年	第 1 届	242	
2009 年	第 2 届	499	106
2010 年	第 3 届	548	10
2011 年	第 4 届	527	-4
2012 年	第 5 届	994	89
2013 年	第 6 届	2 200	121
2014 年	第 7 届	5 106	132
2015 年	第 8 届	5 500	8
2016 年	第 9 届	6 000	9
2017 年	第 10 届	10 000	67

参 赛 作 品 数

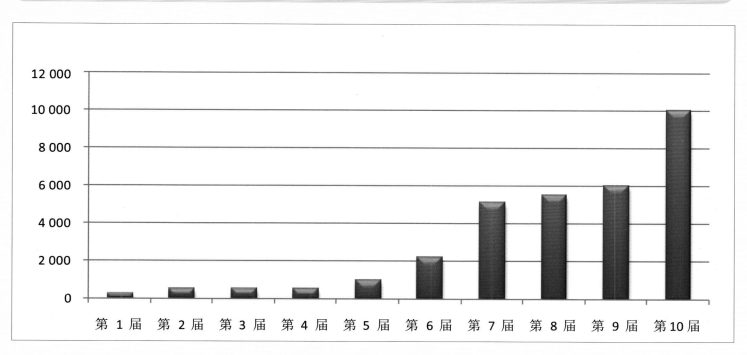

图 1 历年参赛作品数量

2. 参赛院校统计

参赛院校的数量反映了大赛的影响面和覆盖面，表 2 和图 2 反映的是大赛影响面的大小。可以看出，后 5 届参赛院校相对于前几届数量有了一个较大幅度的提升。

表2 参赛院校数量

年 份	届 次	参赛院校数	环比增长 /%
2008 年	第 1 届	80	—
2009 年	第 2 届	182	128
2010 年	第 3 届	171	-6
2011 年	第 4 届	147	-14
2012 年	第 5 届	194	32
2013 年	第 6 届	330	70
2014 年	第 7 届	451	37
2015 年	第 8 届	389	-14
2016 年	第 9 届	434	12
2017 年	第 10 届	435	0
总计（独立院校数）		771	

参赛院校数量

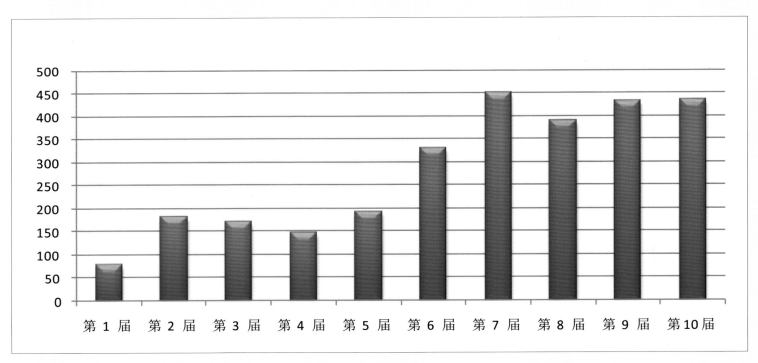

图 2 参赛院校数量

在参赛院校数据中，第 6 届和第 7 届相对第 5 届有突发性增长，原因在于这两年教育部高等学校高职高专计算机类专业教学指导委员会的加入而增设了高职高专类学生的竞赛。而随着高职高专教指委的撤销，第 8 届的国赛竞赛不再设高职高专参赛类别，导致第8届的参赛院校数有所减少。但总的趋势是参赛院校数量在不断地增加，这充分说明我们的大赛受到了越来越多高校的肯定。数据显示，已经有多达771所高等学校（包含少数高职高专院校）参与了国赛。需要说明的是，由于在省级赛中大部分仍保留高职高专学生的参赛类别，所以实际参赛院校数比这个数据还要多，但是由于他们不参与国赛，没有反映在国赛数据中。

3. 省级参赛院校统计（表3）

表3　省级参赛院校数量

省（自治区、直辖市）	第1届	第2届	第3届	第4届	第5届	第6届	第7届	第8届	第9届	第10届
安徽	1	5	4	3	4	14	30	26	28	38
北京	11	20	17	19	17	18	22	18	17	18
重庆	2	3	1	1	1	7	7	7	12	11
福建	1	5	5	3	4	3	5	6	6	12
甘肃		2	2	3	2	3	11	7	7	5
广东	4	12	10	9	11	12	15	16	14	19
广西		3	6	4	3	4	4	3	4	4
贵州					1	2	3	1	2	
海南	1	2	2	1	2	2	7	3	4	4
河北	1	8	5	4	8	5	17	13	14	13
河南		3	2	1	6	18	19	11	15	17
黑龙江	3	3	1	3	4	3	9	7	10	8
湖北	12	18	12	17	16	17	25	22	25	25
湖南	5	5	5	5	5	7	10	8	8	12
吉林	3	3	5	1	1	7	8	9	8	11
江苏	4	19	16	9	8	12	38	44	52	49
江西	1	3	4	4	4	5	8	8	10	9
辽宁	4	11	10	6	17	30	34	35	35	40
内蒙古	1		1	1	2	1		3	4	2
宁夏		1				2	1	1	3	2
山东	5	5	3	2	2	5	8	8	5	8
山西	1	1	1	1	1	1	3	2	5	9

省（自治区、直辖市）	第1届	第2届	第3届	第4届	第5届	第6届	第7届	第8届	第9届	第10届
陕西	2	8	7	9	8	8	10	13	18	20
上海	9	12	12	15	16	16	19	22	19	23
四川	4	8	6	6	6	17	30	13	24	25
天津	1	4	2	1		7	13	11	8	11
西藏					1	1	1	1		
新疆	1	2	2	3	2	11	15	8	12	10
云南		4	3	2	14	16	24	16	19	15
浙江	1	7	9	9	13	10	19	13	13	14

从参赛院校数来看，江苏、辽宁、安徽 2017 年进入国赛决赛的院校数均超过 30 所，湖北、四川、上海、陕西均超过 20 所，广东、北京、河南、云南均超过 15 所。这些地区总体来说动员效果较好。

4. 参赛学生统计

表4和图3显示的是参赛学生的统计情况。随着大赛规模的扩大，本赛事已经从仅有数百学生参与的小规模赛事成长为每年有数万学生参与的全国性赛事之一。特别是第 7 届以后，入围决赛的队员数均在 4 000 人以上。

表4　入围决赛作者数量

年　份	届　次	入围决赛作者数	环比增长 /%
2008 年	第 1 届	298	—
2009 年	第 2 届	633	112
2010 年	第 3 届	771	22
2011 年	第 4 届	805	4
2012 年	第 5 届	1 385	72
2013 年	第 6 届	2 127	54
2014 年	第 7 届	4 341	104
2015 年	第 8 届	4 322	0
2016 年	第 9 届	5 418	25
2017 年	第 10 届	6 815	26
总计		26 915	

入围决赛作者数量

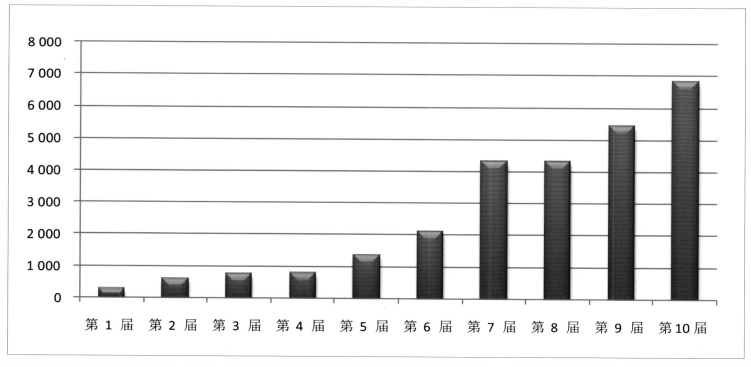

图 3　入围决赛作者数量

5. 指导教师统计数据

指导教师的数量在一定程度上可以看出一个学校对于竞赛的重视程度，表 5 和图 4 展示了这种趋势。

表 5　指导教师数量

年　份	届　次	指导教师 / 人次	环比增长 /%
2008 年	第 1 届	未统计	—
2009 年	第 2 届	238	—
2010 年	第 3 届	296	24
2011 年	第 4 届	383	29
2012 年	第 5 届	719	88
2013 年	第 6 届	1 226	71
2014 年	第 7 届	2 577	110
2015 年	第 8 届	2 473	-4
2016 年	第 9 届	3 202	29
2017 年	第 10 届	3 858	20
总计（人次）		14 972	

指 导 教 师 / 人 次

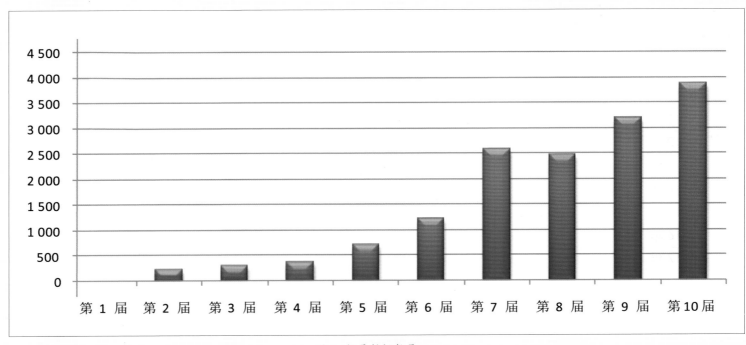

图 4　指导教师数量

　　指导教师是优秀作品的出品保障，吸引更多的优秀教师参与竞赛作品的指导工作，是大赛作品质量不断提高的原动力。

6. 获得优秀组织奖的数量（表6）

表 6　优秀组织奖

年　份	届　次	精神文明奖	优秀组织奖
2008 年	第 1 届	8	4
2009 年	第 2 届		5
2010 年	第 3 届		未设
2011 年	第 4 届		未设
2012 年	第 5 届		24
2013 年	第 6 届		26
2014 年	第 7 届		37
2015 年	第 8 届		40
2016 年	第 9 届		51
2017 年	第 10 届		68
总计		8	255

　　对承办竞赛、积极组织参与竞赛、指导优秀作品参赛并获得优异成绩的单位，应给予表彰。

7. 获得优秀作品奖项的统计数据（表 7）

表 7　优秀作品奖

年　份	届　次	一等奖	二等奖	三等奖
2008 年	第 1 届	6	24	34
2009 年	第 2 届	9	51	62
2010 年	第 3 届	13	51	67
2011 年	第 4 届	14	53	65
2012 年	第 5 届	26	99	236
2013 年	第 6 届	52	267	515
2014 年	第 7 届	142	534	963
2015 年	第 8 届	109	571	911
2016 年	第 9 届	137	763	1 133
2017 年	第 10 届	168	867	1 420
合计		676	3 280	5 406

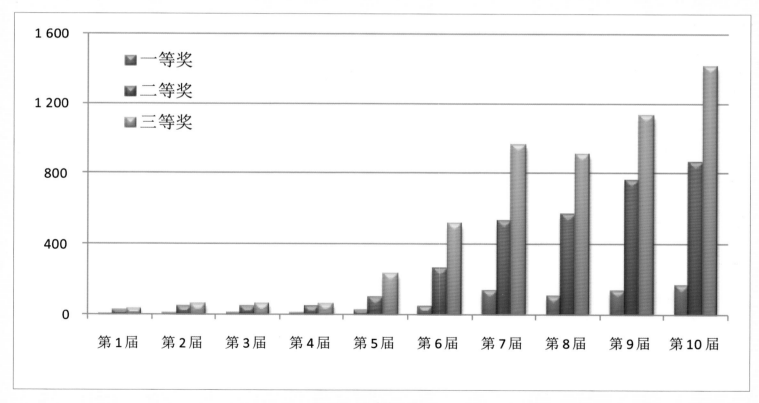

图 5　优秀作品奖

　　随着竞赛规模的扩大，获奖作品数量的增多是必然的。对于竞赛组织者和参与者来说，不仅仅关注获奖数量的增长，更关注参赛作品质量的增长。这是竞赛具有长久生命力的保障。

8. 获奖作品分地区统计（表8）

表8 获奖作品分地区统计

省（自治区、直辖市）	一等奖	二等奖	三等奖	合计	总比例
辽宁	97	410	884	1391	14.9
湖北	89	290	393	772	8.2
安徽	30	229	435	694	7.4
江苏	58	256	318	632	6.8
上海	55	231	301	587	6.3
北京	67	193	265	525	5.6
广东	36	165	244	445	4.8
四川	22	150	218	390	4.2
浙江	36	157	196	389	4.2
云南	14	120	245	379	4.0
陕西	24	125	220	369	3.9
湖南	17	88	167	272	2.9
河北	7	85	173	265	2.8
河南	16	91	132	239	2.6
福建	21	92	118	231	2.5
江西	6	70	152	228	2.4
山东	14	76	133	223	2.4
新疆	6	82	121	209	2.2
天津	10	60	114	184	2.0
广西	6	60	110	176	1.9
重庆	15	64	91	170	1.8
吉林	11	51	92	154	1.6
甘肃	6	37	84	127	1.4
海南	3	40	49	92	1.0
山西	4	25	58	87	0.9
黑龙江	6	18	51	75	0.8
宁夏	0	8	13	21	0.2
内蒙古	0	2	15	17	0.2
贵州	0	3	11	14	0.1
西藏	0	2	3	5	0.1
总计	676	3 280	5 406	9 362	100.0

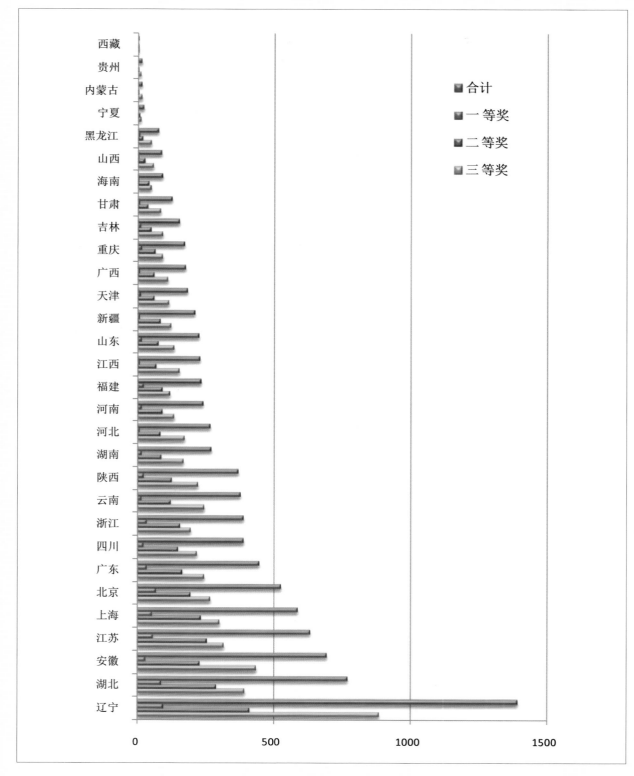

图 6 获奖作品分地区统计

　　一分耕耘，一分收获。前面的参赛数据，奠定了获奖数据的基础。从获奖数据中可以看到，参赛踊跃的地区有辽宁、湖北、安徽、江苏、上海，北京也是获奖集中的地区。

02

大赛回眸　展望未来

赛事初起如登山，
齐力群策克艰难。
转眼十年风雨过，
前路煌煌星光灿。

面向教学实践，造就双创人才
——中国大学生计算机设计大赛十周年纪念

◎卢湘鸿，北京语言大学

1. 大赛宗旨

（1）"中国大学生计算机设计大赛"（下面简称大赛）始创于2008年，初衷是应一些高等学校文科类师生的要求为文科类学生提供具有科技含量的竞赛，以此填补社会上的空白。开始时参赛对象定格在当年在校的文科类学生。从2010年（第3届）开始，因得到教育部理工类计算机教学指导委员会的参与，参赛对象扩大到当年在校所有非计算机专业的本科生。至2012年（第5届），又因得到教育部高等学校计算机类专业教学指导委员会的认同，参赛对象遍及当年在校所有专业的本科生。当然，在参赛人数上，还是以大学文科的学生居多。大赛每年举办一次，大赛现场决赛时间从当年7月中旬开始，直至8月下旬结束，至今已举办了10届。

（2）大赛是利用计算机教育实践平台培养双创（创新创业）人才的具体举措，目的是提高大学生综合素质，具体落实、进一步推动高校本科面向21世纪的计算机教学的知识体系、课程体系、教学内容和教学方法的改革，引导学生踊跃参加课外科技活动，激发学生学习计算机知识技能的兴趣和潜能，为培养德智体美全面发展、具有运用信息技术解决实际问题的综合实践能力、双创能力，以及团队合作意识的人才服务。

所以大赛的宗旨是"四个面向"，即面向计算机教学实践、面向社会就业、面向专业需要，面向双创人才培养。

2．大赛性质

（1）大赛始终以"三安全"（竞赛内容安全、经济安全、人身安全）为前提。竞赛内容严格遵循国家宪法、法律、法规，确保比赛科技型的内容不产生歧义，安全稳妥；大赛组委会不插手经费管理，赛事经费收支委托承办学校严格依据国家财务规定来管理，以保证经济上不出问题；大赛把参赛人员（包括选手、教练、评委，以及与大赛相关的志愿者等人员）的安全放在首位，以保证参赛人员的人身安全。

（2）大赛是非营利的、公益性的、科技型的、群众性的活动。大赛遵从的原则是公开、公平、公正、评比透明。大赛有着完备的章程，自 2009 年（第 2 届）开始，每年的参赛指南均正式出版，以接受社会监督和检验，这在我国 200 多个面向大学生的竞赛中是罕见的。

3．大赛实质

（1）大赛的实质是计算机技术应用教学的组成部分。计算机技术应用除了理论教学，既有上机实践，也有社会实践等不同形式。大赛是教学实践的另一种形式。

（2）大赛提供了学生利用计算机技术表现自己才干的机会；提供了跨院校、跨地域互相交流、互相切磋的机会，也为他们提供了从遥远的沙漠边城喀什、伊犁河谷，来到东海之滨、世界现代化大都市、中国经济中心上海的机会，其中受到的爱国主义教育，非语言所能表述，非金钱所能换得。

（3）在中国各大行政区中，华东地区高校的数量、大学生的数量均居首位，所以大赛的决赛现场多放在华东地区，总体上也有利于参赛学生更多受益。

由于大赛立足于大学计算机公共课教学内容之上，且又高于大学计算机公共课的教学内容，竞赛内容宽泛、充实，因此受到广大师生的热烈欢迎，尤其是吸引着众多的文科类学生的参与。

4．大赛参赛对象与内容

（1）大赛参赛对象是当年本科所有专业的在校学生。

（2）大赛参赛内容为计算机技术应用，归结起来主要是两个系列：一是计算机公共课教学的基本内容；二是计算机数字媒体艺术设计。

目前分设：软件应用与开发类、微课制作与教学辅助类、数字媒体设计类（动漫游戏、1911 年前中华优秀传统文化元素、中华民族服饰手工艺品建筑），以及计算机音乐创作类等领域，贴近社会就业与专业本身需要。其中计算机音乐创作类是我国唯一国字号的面向大学生的计算机音乐赛事。从 2018 年开始，将增设人工智能技术应用竞赛。

5．大赛现况

（1）三级的赛事形式。大赛以三级竞赛形式开展，校级初赛—省级复赛—国家级决赛。省级赛是由各省的计算机学会、省计算机教学研究会、省教育厅计算机教学指导委员会或省级教育行政部门出面主办的。由省级教育行政部门出面主

办过省级选拔赛的有天津、辽宁、吉林、上海、江苏、安徽、山东、湖南、广东、海南、云南、四川、甘肃、新疆。

（2）大赛作品贴近教学实践，有些大赛内容贴切实际，有些直接由企业命题，与社会需要相结合。这有利于学生动手能力的提升，有利于创新创业人才的培养。参赛院校逐年增多，由 2008 年（第 1 届）的 80 所院校，发展到 2017 年（第 10 届）的 435 所；参赛作品由 2008 年（首届）的 242 件，发展到 2017 年（第 10 届）的近 10 000 件。因为这是省级赛按 38% 上推到国赛的数字，因此参加省级赛的作品会在万件以上，而参加校级赛选拔的数量也就更多了。另外，作品质量也逐年提高，有些作品为 CCTV 所采用，有些已商品化。由于大赛秉承公开、公平、公正的评比原则，取得了广大参赛师生的认同与信任。大赛已形成相当的规模，累计已有 700 多所本科院校参加了这一赛事。

6．大赛今后的几点设想

（1）坚持以"三安全""四面向""三公"的办赛方针。

从 2007 年筹备到现在，经过十年来的艰苦努力，赢得了参赛师生的支持和信任。只要坚持以"三安全"为前提，只要坚持面向计算机技术应用教学的实践，把大赛当作教学的组成部分，就会受到广大教师的欢迎。只要比赛内容以贴近学生的就业需求为己任，就会受到学生的欢迎。只要大赛的内容能为双创人

才的培养提供空间，就会受到社会与企业的欢迎。要了解与贯彻国家相关的方针政策，使大赛在安全的航道上前进。

（2）进一步巩固、大力发展省级赛。省级赛是大赛的中坚，是大赛的基石，是发展大赛的基础，要做大做好，要上规模、上水平。有条件的省级赛单位，除了本科，也要为高职高专师生提供竞赛空间。

（3）进一步落实分类竞赛、分类评比、分类指导。

切实做好竞赛内容分类。在内容分类的基础上，要做到分类竞赛，分类评比，分类指导。

要分清各类的竞赛内容，例如可以分为常用软件应用与开发类、微课与教学辅助类、数字媒体艺术设计类、数字媒体设计1911年前中华优秀传统文化元素类、数字媒体设计中华服饰手工艺品建筑类、计算机音乐创作类、数字媒体设计动漫游戏类、人工智能技术应用类。

要定出各类作品的规范化标准。在此基础之上，才能进行分类评比。对评委要进行分类培训，对指导教师也要针对不同的需要进行分类指导。

举办评委与指导教师的研讨会可以提高评委的水平与参赛作品的质量，方向是对的。举办这些研讨会的条件如下：

首先，对大赛内容要进行很好的分类。其次，对不同类别的作品要制定出规范化标准。第三，精选出能够作为培训的导师。避免在混沌的状态就组织不同类的指导教师来办一锅粥的研讨会。这样只能是以其昏昏，使人昭昭。

评委要培训，指导教师要培训，但是如何做好这些培训研讨活动，这是很要紧的，需要研究、探索。

（4）要走与企业相结合的道路。

要加强与企业的联系，走与企业长期合作的道路，争取他们的理解与支持，使双方受益。

（5）要进一步使学校、教育行政等部门融入，争取他们更多的支持与指导。

比如计算机音乐创作类，可以落户在硬件条件国内一流的浙江音乐学院。借此契机，既可以得到浙江音乐学院的长期支持，也可以得到该学院上级领导单位浙江省文化厅的支持，使该赛事能有可持续发展的机遇。

要逐步使每一大类的赛事，都有单位挂靠，都有人关心，都有专人打理。只有这样，大赛才会对德智体美全面发展人才的培养、对计算机应用人才的培养、对双创人才的培养，做出积极的贡献。

只要大家继续共同努力，以主人翁的态度出现于大赛的不同场合，坚持下去，就会营造出一个得到社会支持、院校支持，指导教师乐意参加，学生信任和欢迎的大赛环境，营造出一个使社会受益、使学校受益、使参赛师生受益的大赛环境，这就是大赛的目标。

流水千觞，不忘初心
——中国大学生计算机设计大赛十周年纪念

◎杨小平，中国人民大学

中国大学生计算机设计大赛组委会发短信通知，2018年要进行中国大学生计算机设计大赛十周年纪念活动，希望我撰文回顾一下大赛创办初期的过程，以及一些难忘的片段。作为最早筹划大赛和前八届大赛的主要组织者之一，我目睹了大赛从无到有、从小到大，清晰记着那些比赛过程中的优秀作品、争议作品，而参赛同学渴望学习和获胜的态度、自信和疑惑、认真和焦虑、

兴奋和沮丧、渴望和敬佩的表情依然历历在目，令人难忘。几年中参加大赛评判的评委老师有数百人，我几乎熟悉所有评委老师的专业特长、性格特点、现场表现，他们或认真严肃，或喜刨根问底，或时时不忘纠正学生的问题，或激情四射，或幽默诙谐，但无不是对大赛、学生和作品抱着负责任的态度。他们对超长时间工作没有懈怠，对自费参加评审没有怨言，对恶劣的工作

环境没有抱怨，始终认真评审每一件作品。其实，组织者及承担大赛的学校，虽然需要投入大量的精力，十分辛苦，但想法很简单：大赛是高校计算机基础教育的重要构成，对学生是有帮助的，是教指委应该做的事情。如果问为什么大赛能够成功，那是由我们这些人惯常做事态度所决定的。

要回顾大赛，有许多细节可以分享，很多评委老师参与其中，很

多事都是亲历的。创办大赛起意始于2007年9月8日和9日在中国人民大学召开的教指委换届第一次全体委员会议之时，大会在确定继续以"高等学校文科类专业大学计算机教学基本要求"的编写为本期教指委主要任务的同时，也向大家建议一些其他的工作，讨论中有老师提出了大赛的建议，我作为该届教指委副主任在发言中也提出了这个建议，但举办这样大型的长期的活动需要有强有力的组织，需要承办学校的大力支持，当时尚未有承担的学校，同时也怕影响"基本要求"的修改工作，会议结束时办大赛的事基本被搁置了。大会即将结束时，上届教学指导委员会的华中师范大学郑世珏教授正好在北京开会，打电话给我想见个面，我邀他过来一起吃饭，吃饭时说起大赛的事。郑教授是个雷厉风行的人，他马上与华中师范大学主管的李副校长打了电话，李副校长也是痛快人，表示华中师范大学愿意承办第一届大赛，当即卢湘鸿秘书长在餐厅召集几位副主任商量工作安排，并决定郑世珏教授安排华中师范大学大赛的准备工作。我负责大赛的筹备工作，首先要起草大赛的相关规则，要求2008年1月在海南召开的教指委工作会上讨论大赛细节，我在听取大家意见基础上，考虑大赛可能遇到的问题，制定了大赛基本框架，制

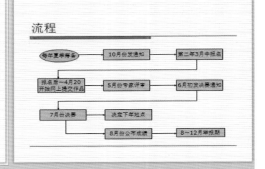

海南会议的报告幻灯片目录

海南会议报告幻灯片部分内容

作了汇报的PPT，包括大赛以作品方式提交，分初赛（网评）和决赛（集中展示，五位专家评审）两阶段；大赛的时间安排等整个流程，为配合"基本要求"还规定进决赛的选手要进行以"基本要求"为标准的笔试（不及格者不能参赛）等内容。

海南会议虽然主要讨论"基本要求"的编写问题，但委员们也对大赛问题进行了热烈的讨论，提出许多建设性建议，包括大赛名称等问题，这次会议讨论的意见经整理后形成了整个大赛的基本框架。

海南会议后，卢湘鸿秘书长研究了其他大赛的经验，并经过多次讨论，起草了大赛的章程，形成大赛的正式文件，并在大赛的实践中每年不断修改完善。其中，章程确定设立"大赛考务委员会"，挂靠在中国人民大学、首都师范大学协助工作，为此我专门给学校教务处和主管校长打了报告，并申请IP，在信息学院网络中心开辟服务器账号和空间。同时，我邀请我校负责公共课教学的尤晓东老师参加大赛工作，负责考务的日常事务，尤老师十分认真，投入了大量精力，与周小明一起，短期内为大赛开发了基础知识考试系统、报名系统、现场比赛打分系统、大赛网站等软件，大大提高了大赛工作的自动化水平，方便了参赛和评判的操作，保障了大赛顺利进行。而这些软件每年都要投入大量精力修改和维护，软件至今沿用，辛苦了尤老师、周小明。

首届大赛对承办方是一次大考验，第一届以奥运为主题的比赛，参赛作品242个，参赛学校80所，与后来几届相比，人不是很多，但该有的条件都需要：需要准备足够的设备，计算机需要安装什么样的系统，采用什么样的应用平台，什么版本，什么级别的音响效果，还有需要多大的礼堂，学生的住宿问题，暑假放假时食堂师傅们怎么叫回来……是不是听着都晕，第一次举办，没经验可借鉴，郑世珏教授领导的华东师范大学师生确实操碎了心，而华东师范大学连续举办了三届。第一届大赛的评委由教学指导委员会委员们为主体，大多数是教授，至少也是副教授，这是强大的教授评委团，这是一般大赛所做不到的。初战大捷，第一届大赛为后面的大赛提供了样板，积累了经验，后面的大赛就有了参照。

办好计算机设计大赛不是一件容易的事，甚至要面对误解和质疑，做好这些需要全身心投入，庆幸有这样一个团队，大家共同努力，才能有今天的成绩。卢湘鸿教授作为大赛秘书长，投入了大量的精力，他的严格认真态度值得我们学习，他的很多理念也成为大赛的精神。尤晓东老师则是兢兢业业扎扎实实，再多的事总能按时完成。还有各大赛承办学校的负责人和老师们，大赛的任何要求，他们总能满足，令人感动。还有评委们、学生们以及他们的作品，值得回忆的事实在太多了。

十年的磨炼，中国大学生计算机设计大赛已然成为受欢迎的品牌。我在海南会议上提出的近、中、远三个目标已经实现前两个，但是随着社会发展，我认为计算机设计大赛作为支持计算机基础课教学的思路应该改变了，既然是大学生的第二课堂，就应该面向社会，着重于提高学生创新和实践能力，提升计算机综合应用能力，提高作品的质量。十年一挥间，我以前在主持大赛优秀作品展示的会上常说，大赛是大学生的一个展示平台，一个交流平台，一个学习平台。现在十年构建的平台已进入成熟期，祝这个平台越办越好。感谢参加大赛的同学和教练，感谢一起走过艰难日子的评委老师们，谢谢你们的支持！

信息学院关于"全国高校文科类大学生计算机设计大赛"和举办2008年"中国人民大学本科学生计算机设计大赛"的请示

教务处并转冯俊副校长：

教育部高等学校文科计算机基础教学指导委员会根据教育部关于实施高等学校本科教学质量与教学改革工程意见、进一步深化本科教学改革全面提高教学质量的精神，准备在全国高校文科类大学生中举办计算机设计大赛，大赛每年一次。大赛设有"大赛组织委员会"，下设"考务委员会"、"评比委员会"及"会务委员会"。我校成为大赛的常设机构"大赛考务委员会"的挂靠单位，大赛组织委员会希望由冯俊副校长担任考务委员会主任，信息学院杜小勇院长担任常务副主任，信息学院杨小平副院长担任秘书长。有关大赛的其他信息详见附件。

为了配合该项赛事的进行，激发我校学生学习计算机课程的积极性，为学生展示自主学习的成果提供平台，促进我校学生计算机应用能力的提高，建议从今年开始，面向我校本科学生开展计算机设计大赛和全国大赛选拔赛，详细计划见附件8：《关于举办2008年"中国人民大学本科学生计算机设计大赛"暨"首届全国高校文科类大学生计算机设计大赛"选拔赛的通知》。

以上意见当否，请批示。

信 息 学 院
2008年2月28日

附件：

1. 附件0：关于举办"2008年（首届)全国高校文科类大学生计算机设计大赛"的通知
2. 附件1：设计大赛章程
3. 附件2：设计大赛相关通知
4. 附件3：考务委员会章程
5. 附件4：首届大赛工作安排
6. 附件5：命题原则及征题要求
7. 附件6：题目设计及评分标准
8. 附件7：首届作品报名选送表
9. 附件8：关于举办2008年"中国人民大学本科学生计算机设计大赛"暨"首届全国高校文科类大学生计算机设计大赛"选拔赛的通知

2008年大赛决赛评委分组名单

第一分赛场：（1楼教务处报告厅）
大类：学习平台　小类：学习交流网站1站（共14个作品）
评审组长：吕英华
成员：沈建春（复旦大学）、刘东升（内蒙古师范大学）、宋长龙（吉林大学）、陈华沙（上海外国语大学）

第二分赛场：（11楼软件工程实验室）
大类：学习平台　小类：学习交流网站2组（共14个作品）
评审组长：耿国华
成员：黄都培（中国政法大学）、李春荣（中国海洋大学）、何胜利（北京外国语大学）、陈晓云（兰州大学）

第三分赛场：（11楼计算机网络实验室）
大类：学习平台　小类：数据库应用系统（共16个作品）
评审组长：陈恭和
成员：刘志敏（北京大学）、姜继忱（东北财经大学）、韩忠愿（南京财经大学）、袁春风（南京大学）

第四分赛场：（10楼小会议室）
大类：学习平台　小类：教学课件及虚拟试验平台（共14个作品）
评审组长：边小凡
成员：徐东平（武汉理工大学）、陈明锐（海南大学）、匡松（西南财经大学）、姜灵敏（广东外语外贸大学）

第五分赛场：（10楼小会议室）
大类：媒体制作　小类：平面、动画设计1组（共13个作品）
评审组长：耿卫东
成员：曹奇英（东华大学）、曾一（重庆大学）、黄心渊（北京林业大学）、申石磊（河南大学）

第六分赛场：（3楼计算中心一号机房）
大类：媒体制作　小类：动画设计2组（共12个作品）
评审组长：石民勇
成员：康修机（景德镇陶瓷学院）、陈英（北京理工大学）、顾群业（山东工艺美术学院）、薄玉改（中央美术学院）

第七分赛场：（3楼计算中心二号机房）
大类：媒体制作　小类：DV、虚拟现实及国产软件（共10个作品）
评审组长：衷克定
成员：原松梅（哈尔滨工业大学）、王羿（北京服装学院）、唐汉雄（广西师范大学）、许勇（安徽师范大学）

第八分赛场：（3楼计算中心三号机房）
大类：媒体制作　小类：平面、动画专业1组（共12个作品）
评审组长：付志勇
成员：关永（首都师范大学）、陈磊（清华大学美术学院）、汤晓山（广西艺术学院）、徐亚非（东华大学）

第九分赛场：（3楼计算中心四号机房）
大类：媒体制作　小类：动画专业2组（共11个作品）
评审组长：田少煦
成员：姜浩（中国传媒大学动画学院）、陈青（西安美术学院）、方肃（湖北美术学院）、谭开界（山东艺术学院）

第十分赛场：（10楼大会议室）
大类：电子音乐（共9个作品）
评审组长：张小夫
成员：吴粤北（上海音乐学院）、伍建阳（中国传媒大学）、刘健（武汉音乐学院）、庄曜（南京艺术学院）

第1届大赛评委任务安排表（可能跟实际评委有个别调整）

十年一瞬，白驹过隙

◎徐东平，武汉理工大学

2017年3月1日凌晨，卢湘鸿教授在微信群中发出消息，希望给即将"十岁"的"中国大学生计算机设计大赛"取个便识易记的"别名"，向全体同仁征询大赛英文名称与缩写。大意如下：

中国大学生计算机设计大赛历经10年，早已树人无数，声名远扬。广大师生建议，给大赛取个便于识记的英文名以利传播。

经咨询国内外同行专家（有的从事大学本科计算机基础课程教育、翻译、编写大量教材书籍，有的从国内大学毕业又去美国从教几十年），根据他们对美、英、加等有关计算机赛事网站的悉心查证，拟建议"中国大学生计算机设计大赛"英文名采用：Chinese Collegiate Computing Competition，英文名简称：CCCC。在圈内，可用CCCC来表示中国大学生计算机设计大赛。在非正式场合，也可以称为4C。

这与其他赛事简称也许相同，但不同大赛，英文名各自表述，这是正常的。实际上不同事情英文简称相同也是常见的，所以，也不必刻意回避与其他赛事简称相同的事实。

请各位直抒己见。当然，你若有更好建议，欢迎在群里发表。

而后卢教授在微信中与大家几番商讨，最终给"中国大学生计算机设计大赛"定下了 CCCC 及 4C 的缩略语。

近几年，通过微信这一"即时通信"方式汇集各地同仁智慧，已是十分自然的事情，但是对普通话题，其响应也并非能做到即时。不过，大家对 4C 琐事，一向反应迅速和热烈，体现了大家对 4C 深切关怀、尽心竭力、无私奉献的情怀。随着 4C 简称诞生，也唤醒了各位亲历者久远的记忆。

一、曾经偶尔一低语，而今广厦满面风

纪念 4C 十年，自然会谈及其起源故事，追根溯源，当回到十年前的一天。

2007 年 9 月 7 日，教育部高等学校文科计算机基础教学指导委员会（以下简称"教指委"）在中国人民大学召开换届第一次全体会议。教育部高教司领导，教指委主任王路江，秘书长卢湘鸿，副主任陈恭和、杨小平、耿国华、耿卫东、吕英华，以及全体委员到会。卢湘鸿教授布置工作，会议主要议题是酝酿修订《大学计算机教学基本要求》，推进全国文科专业计算机基础课程指导工作。

第二天，即 2007 年 9 月 8 日，会议议程即将完成。在午餐时，提到一个与会议内容相关但超越议程的话题：每年新增几百万大学生，计算机基础课程学习没有受到

良好推动，显然对未来经济建设实际需要存在严重不适，是否可以举办一个计算机方面的大赛，改善这一局面？顿时，与会代表沉浸于热议之中，大家一致赞同举办大赛的提议。郑世珏教授提出华中师范大学愿意承办首届大赛决赛。因此，决赛承办单位选定华中师范大学；几经斟酌，大赛名称定为：中国大学生（文科）计算机设计大赛；大赛作品提交时间定在 2008 年 3 月，初赛时间定在 2008 年 5 月，决赛时间定在 2008 年 7 月中旬。教指委的这项决定，得到时任华中师范大学主管教学的副校长李向农教授以及教务处领导刘建清教授的响应和鼎力支持。

2017 年年夏天，作者以邮件方式咨询了李向农教授，了解其办赛的初衷。李向农教授回复：

举办全国高校文科类大学生计算机设计大赛（编者注：最初只针对文、史、哲、法、教、经、管、艺术等学科学生，后来发展到包括上述及理工专业，最后发展到所有学科门类）这是为了进一步贯彻落实教育部"质量"工程"的文件精神，更好地激励全国高校文科类大学生学习计算机知识和技能的积极性，提高其运用信息技术解决实际问题的综合能力，培养其创新能力及团队合作精神，进一步推动高等学校文科类计算机课程体系、教学体系、教学内容和教学方法的改革，切实提高高等学校文科类计算机教学质量，展示文科类计算机的教学成果。大赛的类型分为学习平台设计类，媒体制作设计类，电子音乐设计类，国产软件应用类。华中师范大学计算机科学与技术学院承办了 2008 年、2009 年、2010 年、2012 年多届赛事。首届（大赛）吸引了 80 所院校共 242 支队伍参赛，充分表明赛事必要，赛事可行，赛事大受欢迎。

郑世珏教授近日回忆说："当初在没有充分思想准备之下，并且毫无经验，又无参照，所以蹚过许多深水，遇到过许多焦头烂额的事情。"卢湘鸿教授也多次说道："当初不知，

2007 文科计算机基础教指委合照

2008 年首届中国大学生（文科）计算机设计大赛颁奖　　　　　　　　　　　　　　　　李向农教授

所以无畏，否则难以起步。现在既然干了，就要尽全力，把它干好。"

为了推进首届大赛及《大学计算机教学要求》修订准备工作，教指委于 2008 年 1 月 10 日，在海南省海口市举行了"2008 年全国文科类计算机课程体系建设研讨会"。会上，华中师范大学郑世珏教授通报了"中国大学生计算机设计大赛筹备情况"，中国人民大学杨小平教授通报了"大赛组织及评审方案"。

由此，中国大学生（文科）计算机设计大赛相关工作正式进入日程，分别在北京、武汉两地，对竞赛评审支撑平台建设、竞赛章程编写，以及决赛现场安保、医疗、后勤生活、网络系统等，进行紧锣密鼓的精心筹划。

时间一晃儿便到了 2008 年 7 月 29 日，跨越祖国大江南北，选手与专家们齐聚华中师范大学，首届大赛隆重开幕。

2008 年与 2009 年两届大赛是由教育部高等学校文科类计算机基础教学指导委员会主导主办，只是文、史、哲、法、教、经、管、艺术等文科类专业大学生参赛；2010 年与 2011 年两届，由教育部高等学校计算机基础课程教学指导委员会、教育部高等学校文科计算机基础教学指导委员会联合主办，大赛名称起用"中国大学生计算机设计大赛"，选手覆盖除计算机专业之外的所有学生；2012 年开始，由教育部高等学校计算机科学与技术教学指导委员会、教育部高等学校计算机基础教学

指导委员会、教育部高等学校文科计算机基础教学指导委员会联合主办，"中国大学生计算机设计大赛"选手涵盖全国所有专业本科大学生；2016 年（第 9 届）大赛，是由教育部高等学校计算机类专业教学指导委员会、教育部高等学校软件工程专业教学指导委员会、教育部高等学校大学计算机课程教学指导委员会、教育部高等学校文科计算机基础教学指导分委员会以及中国教育电视台联合主办；2017 年（第 10 届）大赛，是由中国高等教育学会、教育部高等学校计算机类专业教学指导委员会、教育部高等学校软件工程专业教学指导委员会、教育部高等学校大学计算机课程教学指导委员会、教育部高等学校文科计算机基础教学指导分委员会联合主办。

4C 看似偶然，结果逐年兴盛，声势不断壮大。

二、春信有缘万梨花，秋后漫山遍实黄

十年来，成千上万学子意气风发同台竞技，大批专家南来北往不辞辛劳。一批批青年尽显才华、脱颖而出。十年来，参加早期 4C 的同仁们已霜染青丝，大批年富力强的青年专家相继加入，大赛的影响力逐年增强。十年来，选手数量从几百增加到上万，从最初一城一校一场四类，到今天，决赛分布七大城市、八所院校承办、九场决赛、十个竞赛类别。大赛克服了无数困难、风雨兼程，始终秉承一个宗旨：推动我国的计算机信息技术

教育、促进应用人才快速成长。

大赛能得以迅速发展的重要原因有四点：

1. 遵循了教育规律

德国教育家赫尔巴特（Johann Friedrich Herbart, 1776—1841）是近代西方教育史上第一位将心理学学科理论引入教育的教育家。他认为，"观念"是人的心理活动的基本要素，人的心理活动是"观念"聚集与分散的活动。他指出，应关注"观念"的产生与运动，伴随着"意识"状态变化的过程，即一个观念由意识状态转为下意识状态，或由下意识状态转为意识状态时，必须跨过一道界限，那就是"意识阈"。"观念"的确立，是突破"意识阈"，使"下意识"转化为"意识"；"遗忘"是"意识阈"之上的"观念"受到抵制而被沉降于意识阈之下。

有效确立、巩固学科与课程中的概念，也就是赫尔巴特所说的"观念"确立，有效突破"意识阈"使下意识转化为意识，便促进了知识的掌握与深化。在赫尔巴特的教育思想中，十分重视教师的经验与引导作用。

美国教育家杜威（John Dewey，1859—1952）根据当时美国教育问题，提出改变赫尔巴特教育思想的主张，被称作实用主义教育思想的拓荒者。他提出改变所谓传统教育"课堂中心""教材中心""教师中心"的"旧三中心论"，实现"儿童中心（学生中心）""活动中心""经验中心"的"新三中心论"。

4C 是"有导向、以自主体验方式进行、以竞技博弈方式促进跨越'意识阈'的教育实践活动"，是多元教育理论相结合的产物。

2. 建章立制与网络系统支撑

从首届竞赛开始，4C 组织者一直

教育部高等学校文科计算机基础教学指导分委员会成都会议合照

2008 首届中国大学生（文科）计算机设计大赛师生合影

教育部原副部长周远清在颁奖现场

重视《竞赛章程》的建设，由此指导、规范竞赛过程。这是使竞赛活动严守正确航向的重要保证。为不断适应新情况，竞赛章程每年研讨修订，使之包含初赛、决赛、复评、违规举报、仲裁、评委规范等等，做到以制度保证公平、公正、公开原则。

4C 的过程井然有序，与坚实的网络系统支撑、数据组织、管理、规划、作品评审评价软件支持，以及后台技术班子的辛勤劳动分不开。教育部高等学校文科计算机基础教学指导分委员会秘书长、中国人民大学尤晓东老 师及其团队，提供了 4C 评审网络系统设计、维护、管理，以及数据分析支持。这一系列工作的精心与奉献，有力支持了 4C 的有效运行。

3. 教育界有识人士亲力亲为

大赛从创办之日起，一直得到教育部多个教指委的重视与推动。教育部高等学校文科计算机基础教学指导分委员会主任、中国人民大学杜小勇教授在工作报告中，将大赛作为教指委的重要工作之一。

大赛先后受到周远清（教育部原副部长、中国高等教育学会名誉会长）、陈国良（中国科学院院士、相关计算机教指委领导）、李廉（原合肥工业大学党委书记、相关计算机教指委领导）、李晓明（原北京大学校长助理、相关计算机教指委领导）、王路江（原北京语言大学党委书记、相关计算机教指委领导）、李向农（原华中师范大学副校长）、靳诺（中国人民大学党委书记）、李宇明（原北京语言大学党委书记）等人士的支持。

4. 时代的呼唤与专家们的奉献

近五百年来，全球经历了两次科学革命，三次技术革命，并随技术革命的出现，引发了三次产业革命。产业革命胜败至关民族的兴衰。第三次技术革命的号角早已吹响，伴随而来的产业革命硝烟弥漫，各国相继制定战略：

德国：《工业4.0战略》。

美国：《先进制造业国家战略计划》。

英国：《工业2050战略》。

法国：《新工业法国》。

日本：《科技工业联盟》。

印度：《国家制造业政策》。

中国：《中国制造2025》。

第三次技术革命引发的产业革命，正期待教育为其快速储备生产力。现代教育承担着比以往更加神圣的使命，必须高质、高效为国民经济建设输送人才。

4C评审专家，不仅为大赛奉献智慧，而且克服困难，冒着夏天的炎热，奉献精力与宝贵的时间乃至个人财富，正在承担着这个特别时期的艰巨任务。

三、蜡炬成灰至道可循

2017年7月17日，4C第10届首赛由成都医学院承办。次日，当首场决赛开幕时，主持人北京大学邓习锋老师语气庄重，声音洪亮，全场肃穆。当他讲到"第十届……"，现场顿时响起雷鸣般的掌声。闪电般的弧光将人的思绪带入紫雾般的辉煌之中，使人偶感经历十年，也就一瞬。为教育的未来循至道，贡献个人的绵薄之力，缥缈间，"白驹过隙"，这也是《庄子·知北游》中的精华。

战国时，庄子游历北方忆故兴怀，获悉孔子有一次专程去向老子］请教什么是"至道"，老子要孔子斋戒沐浴，说道："人的寿命是极为短暂的，好像白马驰过狭窄的空隙，一闪即逝。最终人从有形转化为无形，道即精神可以永远留在人世之间。"由此庄子记叙了"人生天地之间，若白驹之过隙，忽然而已。"

一切有形及行为，赋予辉煌的事业——教育，当"白驹过隙"之时，所有4C亲历者期望的种子，早已播种到广袤的大地。

难忘的 2008（首届）中国大学生（文科）计算机设计大赛
—— 学非为赛、赛能促学，艺海拾贝

◎郑世珏 杨青 魏开平 高丽，华中师范大学

　　光阴似箭，日月如梭，转眼间"中国大学生计算机设计大赛"（以下简称大赛）已迎来十年华诞。十年前，她的前生"2008 年（首届）中国大学生（文科）计算机设计大赛"（2012 至今改为"中国大学生计算机设计大赛"），在仲夏之际的武汉华中师范大学如期举行。

　　众人拾柴火焰高，首届"大赛"成功举办来自于教育部多个相关教指委的大力支持；来自于中国人民大学、北京大学、北京语言大学、华中师范大学、东北师范大学等高校及近百所大学一大批计算机学科基础教育专家

的忘我投入；来自于个人的魅力，历届"大赛"秘书长、北京语言大学资深教授卢湘鸿先生呕心沥血的精心策划和设计、中国人民大学杨小平教授、尤晓东教授，北京大学刘志敏教授，东北师范大学吕英华教授等人全身心投入；来自于承办单位华中师范大学各级领导的高度重视和精心组织以及郑世珏教授、杨青教授、魏开平教授、高丽教授级高级工程师"大赛"团队的忘我工作；来自于中国铁道出版社等单位的通力协作。从 2007 年 9 月起，"大赛"组委会在无经验、无资金、无参考模式的

"三无"条件下，拉开了我国"大学生计算机设计大赛"的序幕。

一、赛事的兴起

根据《国家中长期教育改革和发展规划纲要(2010—2020年)》、《教育部关于进一步深化本科教学改革全面提高教学质量的若干意见》（教高〔2007〕2号）的精神，进一步推动高校面向21世纪的计算机教学的知识体系、课程体系、教学内容和教学方法的改革，切实提高计算机教学质量，展示计算机的教学成果；引导我国大学生踊跃参加课外科技活动，激发学生学习计算机知识和技能的兴趣和潜能，提高其运用信息技术解决实际问题的综合能力；培养德智体美全面发展、具有团队合作意识、创新精神及与专业相结合的实践能力的复合型、应用型的人才。全国高等学校如何开展计算机基础教育的改革讨论在各个相关教指委中如火如荼地展开。2007年9月正值教育部各教指委换届之际，在中国人民大学文科教指委的最后一次工作会议的午餐时间，原文科教指委委员郑世珏教授向时任教育部高等学校文科计算机基础课程教学指导委员会秘书长卢湘鸿教授提出建议：根据当时我国大专院校计算机基础教育教学改革的热点，我们可以做一点事，

2007年10月在中国人民大学信息学院会议室听取华中师范大学关于首届"大赛"准备工作的汇报

可以给全国文科大学生提供一个检验教学成果的竞赛平台，并主动提出由华中师范大学承办首届赛事，当时所有进餐的委员停止了进餐，立即展开了热烈讨论，积极响应，当场由卢教授拍板授权。回校后，郑世珏教授将此事向时任华中师范大学主管教学的副校长李向农教授、教务处副处长刘建清教授汇报，得到他们的肯定和鼎力支持。经全体文科教指委委员、参赛学生和指导老师、承办单位与协办单位的通力合作。次年，"2008年（首届）中国大学生（文科）计算机设计大赛"在武汉成功举行。

二、大赛章程的制定

"大赛"是由教育部高等学校文科计算机基础教学指导委员会主办的面向全国高等学校文科类（包括哲学、经济学、法学、教育学、文学、历史学、管理学）大学生的科技活动，目的在于激励全国高校文科类大学生学习计算机知识和技能的积极性，提高其运用信息技术解决实际问题的综合能力，培养其创新能力及团队合作精神，进一步推动高校文科类计算机课程体系、教学体系、教学内容和教学方法的改革，切实提高文科类计算机教学质量，展示文科类计算机的教学成果。为保证首届"大赛"的顺利进行，同时为后续的"大赛"积累经验，在时任教育部高等学校文科计算机基础课程教学指导委员会秘书长卢湘鸿教授的指导和审核下，共制定了七个文件，包括：《全国高校文科类大学生计算机设计大赛章程》《全国高校文科类大学生计算机设计大赛考务（命题）委员会工作章程》《2008年（首届）全国高校文科类大学生计算机设计大赛相关通知》《2008年（首届）全国高校文科类大学生计算机设计大赛工作安排》《全国高校文科类大学生计算机设计大赛命题原则及征题要求》《2008年首届全国高校文科类大学生计算机设计大赛设计题评分标准》《首届（2008年）全国高校文科类大学生计算机设计大赛第一、第二、第三次通知》。华中师范大学专门发了相关文件。

教育部高等学校文科
计算机基础教学指导委员会函件

关于举办"2008年（首届）全国高校文科类大学生计算机设计大赛"的

通　　知

教高文计函〔2007〕07号

各高等院校：

　　根据教育部关于实施高等学校本科教学质量与教学改革工程意见、进一步深化本科教学改革全面提高教学质量的精神，为激励全国高校文科类（包括哲学、经济学、法学、教育学、文学、历史学、管理学）大学生学习计算机知识和技能的积极性，提高其运用信息技术解决实际问题的综合能力，培养其创新能力及团队合作精神，进一步推动高校文科类计算机课程体系、教学体系、教学内容和教学方法的改革，切实提高文科类计算机教学质量，展

教指委颁布的首届"大赛"函件

华中师范大学教务处

华师教务处〔2007〕40号

关于成立2008年（首届）"全国高校文科类大学生计算机设计大赛"

工作组的通知

校内各相关单位：

　　为了提高我国文科类大学生计算机应用技能和运用计算机技术解决实际问题的综合能力，培养创新精神及合作意识，推动高等学校计算机公共课教学体系、教学内容和方法的改革，提高教学质量和办学效益，教育部高等学校文科计算机基础教学指导委员会决定举办"2008年（首届）全国文科大学生计算机设计大*赛"，并由我校承办。现就组成该赛事工作委员会的通知如下：

主任：李向农

副主任：程翔章 刘建清 李鸿飞 郑世珏

成员：郭庆　纪红　谢晓辉　张翔　张维　高丽　杨青　王俊红　李晶　苏春燕

华中师大颁布的首届"大赛"文件

三、首届大赛盛况

  2008年（首届）中国大学生（文科）大赛由组织委员会统筹领导，组织委员会由主办、承办、协办单位和教育行政部门有关负责人组成，下设命题委员会、评比委员会、会务委员会。于2008年7月28日—31日在华中师范大学隆重举行。首届大赛名誉主任委员：周远清；主任委员：王路江；副主任委员（按姓氏笔画为序）：马敏、冯俊、冯博琴、李向农、李晓明、杨波、张景中（院士）；常务委员：马敏、王路江、冯俊、冯博琴、卢湘鸿、杜小勇、何洁、吕英华、陈恭和、李向农、李晓明、张景中、杨小平、耿卫东、耿国华、蒋宗礼、管会生。大赛评委全部由时任教育部高等学校文科教指委的委员组成，共计52位评委委员。

  "大赛"首先进行网上报名进行预赛，在华中师范大学进行现场决赛，决赛有13所985高校、33所211高校、40所普通高校，共计86所大学参赛（编者注：当时的院校数是86所，但因部分院校合并，表2是按最新学校名进行统计，故有所差异）。参加现场决赛的代表队985高校25支、211高校60支、普通高校43支，共计128支。同时，华中师范大学还组织了45人的大赛志愿者队伍，为大赛的顺利完成起到了保障作用。下面按时间，以图表的形式，记录首届"大赛"的盛况。

首届"大赛"工作组名单

编 号	姓 名	单 位
1	李向农	华中师范大学副校长
2	程翔章	华中师范大学计算机系（院）分党委书记
3	吴敬亭	华中师范大学校办副主任
4	刘建清	华中师范大学校教务处常务副处长
5	李鸿飞	华中师范大学实验设备处处长
6	李克武	华中师范大学校教务处副处长
7	曹慧东	华中师范大学校教务处副处长
8	郑世珏	华中师范大学计算中心主任
9	杨 青	华中师范大学计算机公共课程系主任
10	魏开平	华中师范大学计算机软件工程系主任
11	高 丽	华中师范大学计算中心副主任

30

Wonderful Competition and Successful Practice
The 10th Anniversary of Chinese Collegiate Computing Competition(2008-2017)

首届"大赛"专家名单

编号	姓名	单位	编号	姓名	单位
1	边小凡	河北大学	27	刘健	武汉音乐学院
2	薄玉改	中央美术学院	28	刘丽珍	首都师范大学
3	曹奇英	东华大学	29	刘玉萍	成都西南民族大学
4	陈恭和	对外经济贸易大学	30	刘志敏	北京大学
5	陈华沙	上海外国语大学	31	卢湘鸿	北京语言大学
6	陈明锐	海南大学	32	吕英华	东北师范大学
7	冯博琴	西安交通大学	33	毛小龙	景德镇陶瓷学院
8	冯佳昕	上海财经大学	34	庞永红	西北大学
9	耿国华	西北大学	35	宋长龙	吉林大学
10	耿卫东	浙江大学计算机学院	36	孙中胜	黄山学院
11	龚沛曾	同济大学	37	孙克忱	南开大学
12	顾群业	山东工艺美术学院	38	谈国新	华中师范大学
13	关永	首都师范大学	39	谭开界	山东艺术学院
14	管会生	兰州大学信息学院	40	唐汉熊	广西师范大学
15	韩忠愿	南京财经大学	41	田少熙	深圳大学
16	何胜利	北京外国语大学	42	吴粤北	上海音乐学院
17	黄保和	厦门大学	43	熊建强	武汉大学
18	黄都培	中国政法大学	44	徐东平	武汉理工大学
19	黄心渊	北京林业大学	45	徐亚非	东华大学
20	姜继忱	东北财经大学	46	许勇	安徽师范大学
21	姜灵敏	广东外语外贸大学	47	杨小平	中国人民大学
22	匡松	西南财经大学	48	尤晓东	中国人民大学
23	冷岑松	武汉音乐学院	49	于双元	北京交通大学
24	李战春	华中科技大学	50	原松梅	哈尔滨工业大学
25	林贵雄	广西艺术学院	51	袁春风	南京大学
26	刘东升	内蒙古师范大学	52	詹国华	杭州师范大学

来自于祖国四面八方的选手们风尘仆仆报到

华中师范大学赛场外景

首届"大赛"开幕式盛况

（主席台左起：卢湘鸿、耿国华、杨小平、管会生、李向农、
王路江、龚沛曾、吕英华、陈恭和、耿卫东）

"大赛"秘书长卢湘鸿正在向全体评委讲解作品的评判标准

开幕式上，时任华中师范大学副校长李向农教授向"2008年（首届）中国大学生（文科）计算机设计大赛"致辞；时任教育部高等学校文科计算机基础课程教学指导委员会主任委员、北京语言大学党委书记王路江教授讲话，宣布"大赛"开幕。

华中师范大学副校长李向农致辞

中国语言大学党委书记王路江教授致辞

中国人民大学尤晓东教授在评委会现场统计竞赛成绩

参赛队员正在紧张地进行现场演示和答辩

决赛的队员必须现场通过计算机基础水平考试

杨小平教授在全体评委会现场宣布竞赛成绩

2008 年（首届）中国大学生（文科）大赛名誉主任委员、前教育部副部长周远清教授在闭幕式上发表讲话

2009 年 5 月在中国人民大学信息学院会议室进行了首届"大赛"总结，并听取了北京大学刘志敏教授关于 2009 年第二届"大赛"准备工作的汇报

四、大赛内容与评奖

"大赛"主题始终以关心国家大事、歌颂祖国、弘扬改革开放成果为主旋律，不断注入高校课程教学改革实践与人才培养模式探索，提高学生智力与非智力素质，提高学生就业率的正能量。"大赛"为大学生提供了创新展示、实践能力的训练机会，为优秀人才脱颖而出创造条件。为首届"大赛"的顺利进行，许多专家和教师默默奉献、不计报酬，事迹感人，值得我们深深怀念。

1. 大赛内容

"大赛"以教育部高等教育司组织制定编写的《高等学校文科类专业大学计算机教学基本要求（2006 年版）》（以下简称"基本要求"，高等教育出版社 2006 年 10 月第 1 版，ISBN 7-04-020492-4）为指导。2008 年大赛按竞赛内容分为 4 类：

（1）学习平台设计类。内容包括：学习交流网站、数据库管理系统（管理信息系统）、CAI 教学课件、虚拟实验平台等。

（2）媒体制作设计类。内容包括：平面媒体、立体媒体、二维或三维动画、校园生活 DV、虚拟现实场景等。

（3）电子音乐设计类。

（4）国产软件应用类。2008 年首届大赛拟设置 ScienceWord 软件教案设计等。

（5）大赛指定的软件环境及工具，包括：Windows XP；Dreamweaver 8.0，Authorware 7.0，Access 2003，SQL Sever 2003；Photshop 9.0，Flash 8.0，3D Maxs 9.0，Premiere 7.5，Maya 8.5，Creator 3.0，AutoCAD；Cakewalk Sonar 6.0，Steinberg Nuendo 3.0，Adobe Audition 2.0；ScienceWord 5.0（可在竞赛网站 http://www.wkjsj.org 下载）；常用编程软件等。

2. 评奖办法

（1）全国竞赛组委会评比委员会聘请专家组成本赛事评委会，按照比赛内容分小组进行评审，评审专家将按统一标准从决赛作品中评选出各组的全国一等奖、二等奖和三等奖，其余通过资格测试的决赛作品可评获优胜奖或决赛入围奖。本赛事设组织奖若干名，精神文明奖若干名。

（2）首届大赛设立：特等奖、一等奖、二等奖、三等奖、优胜奖、决赛入围奖、组织奖、精神文明奖，均颁发获奖证书。

（3）参赛队的指导教师一律不得参加作品评审和决定获奖名次的工作。

（4）对违反竞赛章程的参赛队，一经发现，取消参赛资格，获得的成绩无效，并对所在院校相关部门予以警告和通报，并取消该校所有队的参赛资格。对违反作品评审和评奖工作规定的评奖结果，全国竞赛组委会不予承认。

五、大赛相关准备

1. 徽章（Logo）的设计

2008 年 3 月，大赛组委会向教育部高等学校文科计算机基础教学指导委员会委员、山东工艺美术学院数字艺术与传媒学院院长顾群业教授提出了设计大赛徽章的请求。顾群业教授为享受国务院政府特殊津贴的专家，中国摄影家协会教育委员会委员、中国舞台美术学会新媒体艺术委员会委员，主要从事视觉传播理论的研究、新媒体艺术创作以及计算机图形设计的教学与实践等工作。

顾群业教授在百忙之中不计任何报酬，欣然提笔，以主题："破茧而出，美丽绽放"为构思，标题提取蝴蝶的形状元素，进行打散重构。取材蝴蝶的意象造型，主要是因为蝴蝶有"破茧而出"这样一个过程，由一只蛹，经过自己的努力，突破茧的束缚，变成一只轻盈美丽的蝴蝶。祝愿参赛大学生通过培养自身的创新能力，在计算机设计大赛中过关斩将、脱颖而出。由类似于蝴蝶翅膀的基本型构成的圆形图案，暗示计算机基础知识和技能的重要性。既寓意知识需要巩固、技能需要提高，也说明团队在参赛过程中需要协作精神。标志色彩整体采用红绿色系，具备良好的视觉传播特性。从此，该 Logo 在历次的大赛赛事中，展现了我国近十万参赛大学生的青春、朝气、美丽和拼搏，像美丽的蝴蝶飞向祖国的四面八方。

2. 大赛文化衫的设计

大赛文化衫的设计由华中师范大学美术学院辛艺华完成。辛艺华教授为博士、校教学委员会委员、设计艺术学学科带头人、硕士生导师、湖北省美育研究会副会长、湖北省实验教学示范中心评审专家，2009 年被授予华中师范大学第二届"桂苑名师"称号。 文化衫以浅蓝为基调，表示雏鹰展翅即将翱翔蓝天，右下角为华中师范大学校花——桂花的图样，代表学校 2 万名师生热烈欢迎参赛朋友的到来。

3. 大赛聘书设计

时任教育部高等学校文科计算机基础课程教学指导委员会秘书长的卢湘鸿教授亲自设计了聘书式样。

中国大学生计算机设计大赛

"大赛"Logo

印花设计图

2008 文化衫样品图

聘书设计图

4. 大赛标语口号的设计

经大赛组委会委员们的共同商定，经时任教育部高等学校文科计算机基础课程教学指导委员会秘书长卢湘鸿教授的认可，确定了"2008年（首届）中国大学生（文科）计算机设计大赛"的标语为：

（1）横幅标语

——预祝2008年（首届）中国大学生（文科）计算机设计大赛取得圆满成功

——热烈欢迎莘莘学子来我校参加中国大学生计算机设计大赛

——热烈祝贺2008年（首届）中国大学生（文科）计算机设计大赛在我校隆重举行

——预祝中国大学生（文科）计算机大赛的参赛选手们赛出水平，展现自我

——"秀出风采，展示技能"，2008年（首届）中国大学生计算机设计大赛给你舞台

——"迎接挑战，勇创佳绩" 祝2008年（首届）中国大学生计算机设计大赛选手赛出风采

（2）气球标语

——联想集团预祝2008年（首届）中国大学生计算机设计大赛取得圆满成功

——中国铁道出版社预祝2008年（首届）中国大学生计算机设计大赛取得圆满成功

"大赛"圆满成功举办后，由中国大学生文科计算机设计大赛组委会编撰，中国铁道出版社出版发行了《中国大学生（文科）计算机设计大赛2009年参赛指南》一书。

参赛指南共分7章：由第1章大赛通知、第2章大赛章程、第3章大赛组织机构、第4章大赛命题（命题原则及征题要求）、第5章参赛事项（大赛日程与参赛对象、报名与作品提交、参加决赛须知）、第6章奖项设置与评比，以及第7章2008年获奖概况（2008年获奖名单与2008年获奖作品选编）组成。把2008年"首届"设计大赛获奖作品按竞赛题目分类，将有代表性、有特色的作品选编到《中国大学生（文科）计算机设计大赛2009年参赛指南（附盘）》中一并出版。

该书对进一步规范设计大赛，全面提高设计大赛质量，起到了积极的作用。因此，该书是参赛院校的组织单位，特别是参赛队的指导教师

所必备的用书，也是参赛学生的重要参考资料。而对于参赛获奖的师生，同样具有重要的收藏价值。

中国大学生（文科）计算机设计大赛是由教育部高校文科计算机教指委主办的面向全国高校文科（包括哲学、经济学、法学、教育学、文学、历史学、管理学）大学生的群众性科技活动。

中国大学生（文科）计算机设计大赛的目的在于进一步推动高校文科类面向 21 世纪的计算机课程体系、教学体系、教学内容和教学方法的改革，切实提高文科类计算机教学质量，展示其教学成果；引导文科类大学生踊跃参加课外科技活动，激励学生学习计算机知识和技能的积极性，提高其运用信息技术解决实际问题的综合能力及团队协作精神。

六、大赛花絮集锦

目前参赛学校和队伍的数量越来越多，大赛奖项含金量越来越高，竞争越来越激烈，"大赛"在全国大学生各类赛事中的知名度也越来越广。回忆首届"大赛"，许多趣闻轶事历历在目。

1. 老当益壮

首届"大赛"的办公室设在华中师范大学 9 号教学楼 11 楼，当时大赛期间电梯特别的拥挤，眼看比赛时间就要到了，评委们只能在一楼干着急。忽见时任教育部高等学校文科计算机基础课程教学指导委员会秘书长卢湘鸿教授，不顾年高，"登、登、登"，健步如飞，一口气登上 11 楼，让跟在后面的评委们气喘吁吁，大呼自愧不如。

2. 美味佳肴

首届"大赛"为节约时间，参赛学生和专家三餐全部采用自助方式，经统计约 900 人参赛，4 天消耗鸡、鸭、鱼、肉、蛋 7000 千克，西瓜 2000 千克，饮料小吃无数，有一位参赛学生中餐一次性吃了 26 个卤鸡蛋，也算创了一个纪录，说明华中师大的饭菜真香！

3. 忘我付出

首届"大赛"的评委全部由组委会安排接送，因为那时没有高铁、动车，机票也难买，不少评委深夜 2 点或凌晨 4 点到武汉，风尘仆仆，赶上了第二天 8：30 的开幕式。由于"大赛"经费有限，每位评委的补贴仅有 500 元，不少评委提出不要补贴，支持大赛。

4. 后继有人

首届"大赛"研究生志愿者 15 人全部来自于计算机学院（原计算机科学技术系），这批同学毕业以后，部分到了华中农业大学、中南民族大学、武昌首义学院、武汉商学院、武汉音乐学院、武昌理工学院从事计算机基础课程的教学工作。他们是大赛的亲历者、见证人，当时有的同学激动地说，将来我也要当指导老师，果真后来的大赛中出现了这些同学率队参赛的身影。

◎后记

"大赛"为大学生提供了创新展示、实践能力的训练机会，为优秀人才脱颖而出创造了条件，其目的是让全国更多的文科类大学生学习计算机技术，提高他们的实际动手能力。"大赛"最终的价值和效果体现在为社会培养素质全面、实践能力强的高层次人才，实现社会进步向高等学校提出的人才要求。

首届"大赛"的成功举办确实为当年高校文科类计算机课程体系、教学体系、教学内容、教学方法和实验教学的改革起到了推动作用，改变了人们过去对文科计算机教学的偏见，体现了学非为赛、赛能促学的精神。在全国有识之士的共同努力下，"大赛"通过不断自我创新和自我完善，在推动文科计算机实验教学改革的同时，目前已经成为海内外有影响力的全国大学生赛事之一。我们的回忆难免挂一漏万，谨致歉意，衷心祝愿"大赛"越办越好！

十年大赛之路 美好的回忆

◎龚沛曾，同济大学

大学计算机基础教育的目的不仅是让95%以上的非计算机专业学生掌握必要的计算机基础知识和技能，更重要的是教会他们如何应用计算机技术来解决各种实际问题。面对当前信息化时代的需要，计算机教育工作者们一直在思考，如何跟上时代发展的步伐，培养出社会所需的计算机与专业相结合的复合型人才。中国大学计算机设计大赛为解答这些问题进行了很好的探索和实践。在这个平台上，学生不但在协作、竞争意识和创新实践能力上得到培养，而且在如何应用所学的计算机技术来解决专业或生活中的问题方面得到训练和提升。

中国大学生计算机设计大赛走过了十个年头，从最初的面向文科类学生、在一个城市由一个学校承办，到今天面向全国高校学生、在多个城市由多个学校承办，规模之大、影响之广、历时时间之长、参赛人数和受益面之多，成为国内大学生的一项重要赛事，已经逐步形成了独具特色的大学生学科竞赛模式。更重要的是，通过大赛激发了学生的学习兴趣和创新创业热情，推动了参赛学校的教学改革步伐，并提升了教学质量。大赛离不开各级领导部门的大力支持、各学校积极组织参赛、更有大赛组委会十年来与时俱进的不断进取、

施佳敏同学   贾金山和刘溪同学

付出了很多心血。

　　作为曾兼负学校组织参赛、担任大赛评委和负责省市大赛的老教师，有幸经历了开创时前几届和最近三届的评审等工作，对大赛记忆深刻、充满感情，在这里列举典型的二三事。

　　（1）大赛助力具有发展潜力的学生实现他们的梦。华东理工大学英语专业的施佳敏同学，从 2009 年起连续三年参加上海市计算机应用能力大赛和中国计算机设计大赛的多媒体类别，分别获上海三等奖、一等奖和全国二等奖和一等奖。大四时通过指导老师与我联系，希望能让我推荐到我校传播学院保送研究生深造。我了解

到该生多年来在多媒体 3D 建模方面锲而不舍地执着努力，成效显著，向该学院院长推荐了，经过面试顺利录取，院长亲自任导师。在读研期间又获得了到德国交流的机会，临毕业时该生请我推荐其申请德国总理奖，又获得成功。现在在德国慕尼黑大学媒体信息学院攻读博士学位。他深情地说："大赛平台提供了展示自己的机会、激发了他的学习兴趣和创意；两次成功的推荐，改变了他的一生，圆了梦"。

　　（2）非计算机专业学生通过大赛，转向了他喜爱的计算机专业进一步深造。例如，我校经管学院学生贾京山和刘溪同学在 2009 年获得上海市计算机应用能

发言内容总结 – 参加大赛的体会

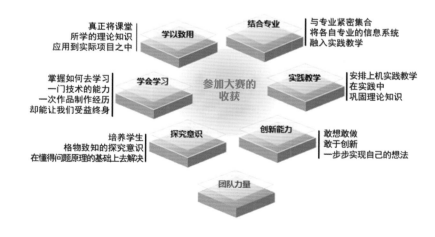

"浦江彩虹"多媒体作品　　　　　　　　　　　　　"系杆拱桥施工原理"课件

力竞赛一等奖的基础上，接着参加中国计算机设计大赛，作品"EVA快递管理系统"获得数据库组的一等奖，并在大会进行作品展示。贾金山同学研究生考入我学院软件工程专业，后又被录取于卡耐基梅隆大学计算机专业，毕业后在美国 Google 公司担任软件开发工程师。

同样，交通学院陈铭、何尧、孙世超等同学开发的数据库应用项目"世博公交信息管理查询系统"获得了上海市应用大赛一等奖，在颁奖大会上的陈铭同学作为获奖代表发言，他很好地总结了大赛的收获并肯定了课程教学改革对学生能力的提升。当然由于当初国赛仅局限于文科类学生，他们遗憾地没能参加，但对计算机的热爱没有停止，通过大赛的经历和研究生的深造，现在陈铭同学也在 Google 公司担任软件开发工作。

（3）大赛提升了学生计算机应用系统构建能力、计算思维、设计思维和创新思维能力。例如，2014年土木工程学院薛炳晟、蒋蕴涵、吴云清同学，他们热爱自己的专业，一直想能够做出一个完整的施工过程动画。学习多媒体课程后，这个目标终于实现，制作模拟卢浦大桥施工的全过程。他们参考 27 篇相关科技论文、请教多名专业教授、花费30天钻研施工资料、工程原图1:1建模，完成了名为"浦江彩虹"作品。作品将土木专业知识、施工过程结合用 3ds 动画实现，让作品焕然一新，获得了上海市计算机应用能力大赛一等奖。当他们想参加国赛时，发现作品不符合多媒体作品主题的要求，他们硬是在一个月内将多媒体作品改变成"系杆拱桥施工原理"课件。课件的完整、真实、理论与实践完美结合甚至让大家怀疑是老师做的项目。在大赛作品展示评委专家点评时说了"三个问题的回答出乎意料：作品没有项目支持是课程学习的结果、工程资料的来源自网上搜索、纯正的配音是学生自己"。这种系统构建能力、设计思维和创新思维能力正是我们基础教学所一直追求的培养目标。

随着"互联网＋"的快速发展、新技术的层出不穷，新工科的实施，对计算机基础教育和人才培养的质量提出了更高的要求，对大赛赋予了更多的期望和责任。

"中国大学生计算机设计大赛" 十年感赋

◎韩忠愿，南京财经大学

大赛十年，以理想筑梦；
大赛十年，以奉献奠基；
大赛十年，以服务为念；
大赛十年，以奋斗为翼；
大赛十年，与风雨相伴；
大赛十年，与师生相依；
大赛十年，以艰辛播种；
大赛十年，以育人为计；
大赛十年，以汗水滋养；
大赛十年，以心血培育！

光阴荏苒，中国大学生计算机设计大赛已走过十年的旅程，这是一个值得纪念的日子，也是一个需要浓墨重彩妆点的日子，因有感而

赋曰：

初，全国专家教指委齐聚，致力文科计算机教育，欲顺IT普及之势，更应师生学用之需，几度教学研讨商议，又经仁人志士献计：比学育才，搭台竞技，当代建功，未来有益。余投身奉事，既幸参与。

戊子仲夏，欣逢盛世，国泰民安；百舸争游，雄鹰比翼。群英首聚，开人文学生赛计科之先。大江南北，群英荟汉于华中师大；波通两川，武昌文兴而八仙献艺。

翌年续赛，俊杰聚首，少长咸集；共谋发展，共襄盛举。优化赛制，

纳美音艺于电脑设计之域；斗智亮丹，藏云如天而尽显才艺；传经送宝，虚怀若谷而胸怀绝技。

庚寅再扩，春笋跟进，同志响应；运筹帷幄，不遗余力。三校办赛，人财物齐保大赛之需。凝神精意，力求圆满倾半生智慧；前台后勤，为守平安撒无数汗滴。

以此为始，每年炎季，文史哲法教经管，理工农医体美艺，过半高校群科众生，翘首以盼上擂台，呈精品、荟佳作，展经纬连纵横之计，融百科于程序数据。

火种既燃，燎原遍地，镐杭昆

沈甬福郑，蓉沪肥宁汉京畿，海内同仁同志知己，辗转以赴各赛地，跨长江、过黄河，执伯乐相骏马之事，发璞玉于纷杂沙砾。

大赛点亮人生，是骏马不惧崎岖。学识改变命运，当好汉敢攀云梯。计科渗入百业，创设不胜枚举：民族民俗文化元，数字音漫新媒体，网课电商云平台，虚拟现实大数据，紧扣社会贴合经济；机器人、物联网，软硬合成智能安防；指尖上、移动中，声控体感助老家居……这正是：

一幅动漫诠民俗，
歌不歇新城边陲；
三维数媒话民族，
咏不尽奇山秀水；
几个控件定格局，
人财物数有反馈；
万行代码藏乾坤，
人工智能查细微。

规模初具，却不忘初心本意；开疆拓土，再登程奋进砥砺。北上南下，西耘东耕，登云贵以调研基层，赴东北以宣讲大义。艰难困苦，五味杂陈，往事如烟，几番唏嘘：呈贡郊外遇骤冷，老帅抱病仍负重；三江源头遭豪雨，青教涉水以为趣；赴通辽绿皮慢车旅途遥遥，困厦门赤日潮风汗水沥沥……

俱往矣！

追昔日，谢诸位，精心保障"三个安全"（政治安全、经济安全、人身安全)，努力铸造"三个公字"（公平、公开、公正)，奋力践行"三个服务（服务于教学、服务于学生、服务于产业)"，坚持维护"大赛三性"(客观性、规范性、公益性)。

看今日，欣欢喜，办赛十届，百花齐放。创设理念深植教育；应运而生，计科学用为虎添翼。

望前路，知使命。"五位一体"绘美好生活之蓝图，"教育强国"为民族复兴之桩基。我辈皆宜谋发展，心无旁骛创佳绩。肩重任而不失所望，勇挑担而不负所期。乘岁月之轮替，觅创改之良机。应计科之发展，拓学用之领域。天道酬勤，地利因时，殚精竭虑，事业之基。

42

Wonderful Competition and Successful Practice
The 10th Anniversary of Chinese Collegiate Computing Competition(2008-2017)

以赛促学，你追我赶争上游；以竞励志，扬鞭催马疾奋蹄。愚公之伟，移山久不辍。精卫之韧，填海志不移。效古圣人、法今贤达，携手而同心，举步更并力；草色入帘青，苔痕上阶绿，秉烛照前路，甘心做人梯。任世间纸醉金迷，为师知命；等闲看灯红酒绿，君子安贫。坚持育人兴教兴业，贯彻竞赛促学促教，同向而存共志，事成必自无疑。有诗为证：

　　正逢冬雪沐瑞光，
　　十年大赛铭辉煌。
　　传播计科泽三江，
　　推进创设暖四方。
　　评委三伏辨英才，

选手万余逐赛场。
黄花灿而幽兰香，
苍松秀而新苗壮。

长风助我行千里，
奋进扬帆再远航！
更揽九州同行友，
共谋大赛计议长。
百鸟合鸣雄鹰翔，
少长齐聚群贤襄。
桃李不言忆往昔，
风雨兼程话沧桑。

又云：
皓首与红颜相映，
喜泪共笑语齐扬。

慨来路百般跋涉，
事初成笑泯辛酸；
看今朝天高地阔，
穿云海鲲鹏翱翔；
望未来任重道远，
启新途万花芬芳。

承园丁精神灵魂，
怀教育强国梦想。
三公三安必落实，
三个服务细磋商……
育英贤又造俊才，
为国家而备栋梁。
钟灵毓秀妆山河，
源远流长谱新章。

感恩十周年，荣耀岁月永难忘

◎匡松，西南财经大学

自 2008 年 7 月到 2017 年 7 月，中国大学生计算机设计大赛（简称大赛）走过了光辉十年，共举办了 10 届大赛。我非常荣幸地多次躬逢其盛，为大赛做了一点工作。随着大赛的年年举行，我也在不断地成长。十年大赛，十年光辉岁月，我经历了许多美好时光，那些美好的记忆永远铭记心中。在大赛十年华诞庆典之际，我从难以忘怀的记忆片段中，用自己经历的三个"第一次"来表达对大赛的感激和祝福。

第一次参加大赛评委工作

2008 年 7 月 28 日，我从成都飞抵武汉，拖着行李走出航站楼，登上大巴，前往坐落在武昌南湖之滨桂子山上的华中师范大学。时值盛夏，武汉骄阳似火。我从邓小平亲笔题写校名的大门跨进渊远流长的高等学府。当沿着地势起伏、林木葳蕤的倾斜大道走向报到地点，清凉的微风和庄严的楼宇使我感受到这所百年老校的魅力。

当天晚上，大赛组委会召开了赛前会议。卢湘鸿老师一再强调大赛公平、公正、公开的宗旨，要求大家严谨工作，保证大赛的成功举行。在会上，我从组委会领导手中接过了 2008 年（首届）中国大学生（文科）计算机设计大赛评比委员会委员的聘书。

7 月 29 日，正式如火如荼地开赛。在首届大赛中，来自全国 86 所高校的 128 支队伍同台竞技。我作为评委参加了作品评比工作。我所在小组的组长是刘志敏老师，她负责主评，我和其他几位老师适当地做一些补充提问。

第一次点评作品

2010年7月23日，我第三次来到了华中师范大学参加大赛作品评比工作。24日，大赛井然有序地展开。我通过前两次评比工作积累了一些经验，第三次担任评委能够较为准确地把握作品的技术运用，提问和质疑也更加简洁和清晰。小组评比工作结束后，大家推荐我点评黄山学院的参赛作品。尽管对该作品的技术实现和呈现的效果比较熟悉，但是第一次上台点评作品，我心里有些惶恐，担心点评不到位甚至失误。在头天晚上，我再次研究和分析作品，写出了点评要点的草稿。十年过去了，当年的草稿竟然没被删掉，至今依然保存在电脑里。我浏览草稿的内容，当时的情景浮现眼前。我在草稿中首先简要点评作品的技术实现特点，接着用大段文字描述了作品的完整性和艺术效果：

我们首先看到的是由孙起孟先生书写的一个大大的"徽"字。用一个大写的"徽"字象征徽州文化的博大精深、灿烂辉煌，表明了作品的创意：作为中华文化代表之一的徽州文化值得大书一笔。创作者用"山""水""人""文"四个字，设计了"徽州艺术""徽商""徽州人物""徽派建筑""徽州地理"这五大版块，全方位介绍徽州丰盈厚重的文化景观。展现在我们眼前的是一部内容丰富、绚烂多姿的徽州文化长卷。作品开头的水墨画卷自右向左徐徐推出，表现了徽州人民自信、优雅、从容地行走在这方山水秀美、人杰地灵的大地上。作为徽州文化重要载体的徽派建筑，粉墙黛瓦，体现了一种坚持儒家伦理道德秩序的精神特征。作品以水墨色为基调，表现徽州的文化韵味，十分贴切，格调高雅，清丽悠远，艺术地呈现出徽州的文化底蕴和精神气质。这部作品是黄山学院的三位同学怀着对徽州文化的热忱和景仰而奉献的致敬之作。

点评结束，我怀着既兴奋又忐忑的心情走下主席台，冯佳昕、刘玉萍、刘志敏、詹国华、韩忠愿、边小凡等老师及时给了我热情洋溢的鼓励，使我备受鼓舞和温暖，给了我继续成长的养分。颁奖结束后，黄山学院的三位

我第一次参加大赛点评（和黄山学院的三位同学合影）

我和姜灵敏、陈明锐、边小凡、徐东平在首届大赛现场合影

同学热情地邀请我合影留念，我再次给了他们肯定和鼓励。历史的镜头记录了我和两位女生、一位男生合影的美好瞬间。头顶的横幅上书写的是"2010年（第3届）中国大学生（文科）计算机设计大赛"，在我的旁边能清晰地看到陈恭和、冯佳昕、李雁翎、杨志强、崔巍等几位老师，他们是大赛的推动者、参与者和见证者。岁月荏苒，这三位同学早已毕业，现在香飘何处，一切可好？在大赛十年庆典之际，我最美好地祝福你们！

第一次举办省级赛

2012年10月，卢湘鸿老师希望我推动举办四川省级赛。11月17日至19日，四川省高等院校计算机基

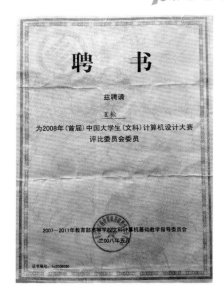

首届大赛评比委员会委员聘书

2016 年第 4 届四川省级赛评委合影（成都医学院）

础教育研究会第十九次学术年会在乐山师范学院召开。本届年会理事会换届，选举出了第六届理事会，我当选为理事长。有了研究会这个平台，我认为举办省级赛的时机已经成熟，开始着手筹备成立四川省级赛组织委员会。2013 年 2 月 28 日，我代表研究会向中国大学生计算机设计大赛组织委员会（简称国赛组委会）提出了成立四川省级赛组织委员会的申请。3 月 9 日，我收到了国赛组委会的批复函件（中大计赛函 [2013]024 号），同意成立"中国大学生计算机设计大赛四川省级赛组织委员会"并可刻制"中国大学生计算机设计大赛四川省级赛组织委员会"印章。

2013 年 3 月 15 日至 16 日，研究会在四川农业大学（雅安）召开了全体常务理事会议。在会上，我介绍了中国大学生计算机设计大赛的意义、举办历程及其影响力。经过全体常务理事充分讨论，正式成立中国大学生计算机设计大赛四川省级赛组织委员会，决定 2013 年 5 月 11 日举办 2013 年（首届）四川省级赛。

从 3 月成立省级赛组委会，到 5 月举办省级赛，只有短短两个月的时间。4 月 20 日 8 时 02 分，雅安市芦山县发生了 7.0 级地震，川内部分学校组队参赛工作受到了影响。尽管遇到了一些困难，但是在易勇、梅挺、

王超、王锦、郭元辉、王宇、刘益和等兄弟院校领导的大力支持和积极推动下，2013 年 5 月 11 日，首届四川省级赛分别在成都大学、西华师范大学、四川农业大学等赛区如期举行，省内 22 所高校组队参赛，参赛作品共 89 件，向全国大赛直推入围决赛作品 32 件。在成都大学举办的首届省级赛的颁奖典礼上，我代表四川省级赛组委会致辞，表达了祝贺和感激之情。在研究会的推动下，中国大学生计算机设计大赛在四川省落地生根、开花结果了！

每次参加大赛工作，我总愿意把自己当成是学习者。在这个广阔的舞台上，我的学习是全方位的。我有幸在比赛现场一次次欣赏到同学们富有创意、精彩纷呈的作品，目睹莘莘学子蓬勃旺盛的青春活力和无限可能性的创造力。一次次惊喜，一次次赞美，一次次欣慰，我从同学们的作品中学到了很多，收获了很多。通过大赛的工作，我结识了很多前辈和朋友，从他们身上学到了无私奉献、严谨求实的高尚品质，他们的人格魅力感染和激励着我的教学人生。卢湘鸿老师为大赛殚精竭虑、呕心沥血，视大赛为事业和生命，令我肃然起敬，深受感动。卢老师是我终身学习的人生楷模。陈恭和、杨小平、吕英华、耿国华、杜小勇、龚沛曾、管会生、黄心渊、

2016 年 10 月 22 日，我与卢湘鸿、徐东平、詹国华三位老师合影

冯佳昕、边小凡、贾京生、姜继忱、刘志敏、曹奇英、田少煦、李雁翎、曹淑艳、潘瑞芳等老师都是我学习的榜样。詹国华、徐东平、韩忠愿、姜灵敏、彭小宁、孙中胜、刘玉萍、陈明锐、赵欢、季晓芬、杨静、金莹、杨青、杨志强、曹永存、尤晓东、刘敏昆、黄保和、黄卫祖、许勇、张洪翰、邓习峰、罗朝晖等老师既是我的良师，亦是益友。每当想起他们，我如沐春风，美好的回忆涌上心头。

时光飞逝，年华老去，我的年龄和精力不可逆转地衰退和减弱，但是热爱学习的愿望永远根植在我心中。我愿意活到老，学到老；我愿意继续为大赛做些力所能及的工作。当大赛到了十五届甚至二十年华诞的时候，但愿在我衰老的脸庞自豪地露出欣慰的微笑：大赛，我从未离开过你，我是你忠实的追随者和志愿者！

03

赛场花絮　流光溢彩

昼夜连轴沉趣间，
甘苦沁怀若群仙，
问渠何来神力助？
育才报国犹比肩。

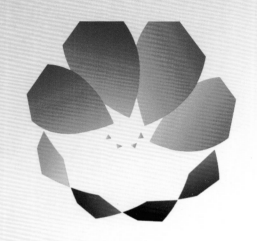

第 1 届（2008）

参赛作品数：242

参赛院校数：80

入围决赛作品数：126

入围决赛作品作者人次：298

入围决赛作品指导教师人次：未记录

一等奖：6

二等奖：24

三等奖：34

决 赛 日 期	决赛地点及承办院校	决 赛 类 别
2008 年 7 月 28 日至 31 日	武汉，华中师范大学	所有类别

第 1 届总结会 1（北京，2008）

第 1 届总结会 2（北京，2008）

第 1 届总结会 3（北京，2008）

52

Wonderful Competition and Successful Practice
The 10th Anniversary of Chinese Collegiate Computing Competition(2008-2017)

比赛选手计算机知识测试（华中师范大学，2008）

参赛师生集体合影（华中师范大学，2008）

第 2 届（2009）

参赛作品数：499

参赛院校数：182

入围决赛作品数：247

入围决赛作品作者人次：633

入围决赛作品指导教师人次：238

一等奖：9

二等奖：51

三等奖：62

决 赛 日 期	决赛地点及承办院校	决 赛 类 别
2009 年 7 月 22 日至 28 日	武汉，华中师范大学	所有类别

决赛开幕式现场（华中师范大学，2009）

决赛开幕式主席台成员（华中师范大学，2009）

决赛开幕式华中师范大学马敏校长致辞（华中师范大学，2009）

决赛开闭幕式主持人杨小平（华中师范大学，2009）

大赛评比委员会主任北京大学李晓明参加闭幕式
（华中师范大学，2009 年）

作品答辩评委工作会议（华中师范大学，20

评委进行作品复审（华中师范大学，2009）
（左起华东师范大学郑骏、厦门大学黄保和、
对外经济贸易大学陈恭和）

决赛闭幕式作品演示（华中师范大学，2009）
（自本届开始增加了作品演示环节）

评委讨论会（华中师范大学，2009）

决赛闭幕式嘉宾与部分获得一等奖的学生代表合影（华中师范大学，2009）
（左1卢湘鸿、左4李晓明、右1中国铁道出版社党委书记郝沁绥、右2华中师范大学党委副书记吴晋生）

华中师范大学刘景清闭幕式颁奖（华中师范大学，2009）　　　华中师范大学程翔章闭幕式颁奖（华中师范大学，2009）

2009年（第二届）中国大学生（文科）计算机设计大赛专家与教练留影
2009.7.22—28于中国武汉华中师大

嘉宾、评委与指导教师合影（华中师范大学，2009）

华东师范大学王行恒闭幕式颁奖（华中师范大学，2009）

海南大学陈明锐闭幕式颁奖（华中师范大学，2009）

2009年（第二届）中国大学生（文科）计算机设计大赛专家留影
2009.7.22——28于中国武汉华中师大

大赛评委合影（华中师范大学，2009）

第 3 届（2010）

参赛作品数：548

参赛院校数：171

入围决赛作品数：323

入围决赛作品作者人次：771

入围决赛作品指导教师人次：296

一等奖：13

二等奖：51

三等奖：67

决赛日期	决赛地点及承办院校	决赛类别
2010 年 7 月 22 日至 23 日	武汉，华中师范大学	学习平台设计类
2010 年 7 月 27 日至 30 日	长春，东北师范大学	非专业媒体设计类
2010 年 8 月 3 日至 6 日	南宁，广西艺术学院	专业媒体设计与电子音乐设计类

开幕式主席台（东北师范大学，2010）

开幕式会场（东北师范大学，2010）

东北师范大学计算机学院院长马志强开幕式致辞
（东北师范大学，2010）

开幕式学生代表发言（东北师范大学，2010）

参赛选手参加上机测试（东北师范大学，2010）

参赛选手进行作品答辩（东北师范大学，2010）

湖北美术学院方肃点评作品（东北师范大学，2010）

作品演示（东北师范大学，2010）

媒体设计非专业组参赛学生（东北师范大学，2010）

媒体设计非专业组参赛作品（东北师范大学，2010）　部分参赛学院校指导老师与同学合影（东北师范大学，2010）

媒体设计非专业组评委（东北师范大学，2010）

媒体设计非专业组评委（东北师范大学，2010）

兰州大学管会生闭幕式颁奖（东北师范大学，2010）

中国人民大学尤晓东闭幕式颁奖（东北师范大学，2010）

吉林大学宋长龙闭幕式颁奖（东北师范大学，2010）

评委与选手合影（左起：华东师范大学郑骏、华中师范大学杨青、兰州大学管会生（东北师范大学，2010）

东北师范大学刘易春、北京语言大学王路江闭幕式颁奖（东北师范大学，2010）

闭幕式歌舞表演（东北师范大学，2010）

闭幕式颁奖现场（华中师范大学，2010）

学习平台设计类颁奖（华中师范大学，2010）

中国科学院陈国良院士在闭幕式致辞（华中师范大学，2010）

闭幕式会场（华中师范大学，2010）

闭幕式会场（华中师范大学，2010）

专家合影（华中师范大学，2010）

第 4 届（2011）

参赛作品数：527

参赛院校数：147

入围决赛作品数：333

入围决赛作品作者人次：805

入围决赛作品指导教师人次：383

一等奖：14

二等奖：53

三等奖：65

决赛日期	决赛地点及承办院校	决赛类别
2011 年 7 月 20 日至 24 日	西安，西北大学	非专业媒体设计类 专业媒体设计类
2011 年 7 月 20 日至 24 日	西安，西安电子科技大学	学习平台类
2011 年 7 月 20 日至 24 日	西安，陕西师范大学	专业媒体设计类作品 电子音乐设计类

陕西省教育厅副厅长郭立宏开幕式致辞　（西安电子科技大学，2011）

西安电子科技大学副校长陈平开幕式致辞　（西安电子科技大学，2011）

西北大学副校长李浩开幕式致辞　（西安电子科技大学，2011）

东北师范大学人文学院院长吕英华主持闭幕式（西安电子科技大学，2011）

获奖选手合影（西安电子科技大学，2011）

中国人民大学杨小平闭幕式讲话（西安电子科技大学，2011）

闭幕式现场外景（西安电子科技大学，2011）

部分学生和老师合影（西安电子科技大学，2011）

闭幕式参赛院校（西安电子科技大学，2011）

评委与部分参赛师生合影（西安电子科技大学，2011）

评委合影（西安电子科技大学，2011）

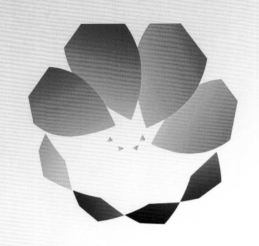

第 5 届（2012）

参赛作品数：994

参赛院校数：194

入围决赛作品数：625

入围决赛作品作者人次：1 385

入围决赛作品指导教师人次：719

一等奖：26

二等奖：99

三等奖：236

决 赛 日 期	决赛地点及承办院校	决 赛 类 别
2012 年 7 月 20 日至 23 日	杭州，浙江传媒学院	数字媒体设计类 计算机音乐创作类
2012 年 7 月 26 日至 29 日	武汉，华中师范大学	软件应用与开发类
2012 年 8 月 1 日至 4 日	昆明，云南师范大学	数字媒体设计类中华民族文化组
2012 年 8 月 7 日至 10 日	长春，东北师范大学	数字媒体设计类普通组

参赛选手（华中师范大学，2012）

开幕式会场（华中师范大学，2012）

开幕式主席台（华中师范大学，2012）

安徽师范大学许勇代表评委开幕式讲话（华中师范大学，2012）

参赛选手上机测试（华中师范大学，2012）

开幕式学生代表发言（华中师范大学，2012）　　　　　　　答辩现场（华中师范大学，2012）

选手答辩（华中师范大学，2012）

北京信息科技大学崔巍、中国政法大学黄都培在答辩现场
（华中师范大学，2012）

安徽大学钦明皖、北京交通大学于双元在答辩现场
（华中师范大学，2012）

答辩教室外（华中师范大学，2012）

闭幕式会场 1（华中师范大学，2012）

闭幕式会场 2（华中师范大学，2012）

闭幕式主席台（华中师范大学，2012）

中国人民大学杨小平主持闭幕式
（华中师范大学，2012）

北京语言大学卢湘鸿、中国高等教育学会沙玉梅
华中师范大学李向农在大赛闭幕式主席台
（华中师范大学，2012）

华东师范大学郑骏闭幕式作品点评（华中师范大学，2012）

北京科技大学姚琳闭幕式作品点评（华中师范大学，2012）

闭幕式作品演示（华中师范大学，2012）

闭幕式作品演示（华中师范大学，2012）

闭幕式作品演示（华中师范大学，2012）

华中师范大学李向农闭幕式颁奖（华中师范大学，2012）

华中师范大学郑世珏闭幕式颁奖（华中师范大学，2012）

闭幕式颁奖（华中师范大学，2012）

闭幕式部分师生合影（华中师范大学，2012）

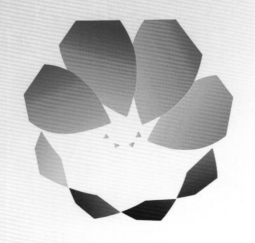

第 6 届（2013）

参赛作品数：2 200

参赛院校数：330

入围决赛作品数：998

入围决赛作品作者人次：2 127

入围决赛作品指导教师人次：1 226

一等奖：52

二等奖：267

三等奖：515

决赛日期	决赛地点及承办院校	决赛类别
2013 年 7 月 20 日至 23 日	杭州，浙江传媒学院	软件应用与开发 计算机音乐创作类
2013 年 7 月 24 日至 27 日	杭州，浙江传媒学院	数字媒体类普通组与专业组
2013 年 8 月 1 日至 4 日	昆明，云南财经大学	中华民族文化组
2013 年 8 月 4 日至 7 日	昆明，云南交通职业技术学院	高职高专组
2013 年 8 月 30 日至 9 月 1 日	杭州，杭州师范大学	软件服务外包类

2013年（第六届）中国大学生计算机设

软件开发、音乐创作类开幕式领导评委合影（浙江传媒学院，2013）

软件开发、音乐创作类开幕式全体师生合影（浙江传媒学院，2013）

闭幕式现场（云南财经大学，2013）

云南财经大学王元亮评委点评（云南财经大学，2013）

闭幕式教育厅高教处副处长郭云龙致辞（云南财经大学，2013）

学生作品演示（浙江传媒学院，2013）

第 7 届（2014）

参赛作品数：5 106

参赛院校数：451

入围决赛作品数：1 794

入围决赛作品作者人次：4 341

入围决赛作品指导教师人次：2 577

一等奖：142

二等奖：534

三等奖：963

决 赛 日 期	决赛地点及承办院校	决 赛 类 别
2014 年 7 月 20 日至 23 日	沈阳，东北大学	软件应用与开发类 计算机音乐创作类 微课与课件类
2014 年 7 月 24 日至 27 日	沈阳，东北大学	数字媒体设计类
2014 年 8 月 1 日至 4 日	宁波，宁波大学	数字媒体设计中华民族文化组
2014 年 8 月 5 日至 8 日	杭州，杭州师范大学	软件服务外包类
2014 年 8 月 14 日至 17 日	郑州，中州大学	高职高专组
2014 年 11 月 15 日至 16 日	福州，福建农林大学	动漫游戏创意类

开幕式（东北大学，2014）

东北大学副校长姜茂发致辞（东北大学，2014）

开幕式主席台（东北大学，2014）

教育部高等学校文科计算机教学指导
分委员会工作会议（安徽大学，2014）

辽宁省教育厅张建华副厅长致辞
（东北大学，2014）

北京语言大学卢湘鸿代表组委会讲话
（东北大学，2014）

清华大学贾京生代表评委讲话
（东北大学，2014）

评委在开幕式（左起：同济大学杨志强、华东师范大学郑骏、东南大学陈汉武）（东北大学，2014）

主

承

中国人民大学杨小平主持作品点评（东北大学，2014）

志愿者合影（东北大学，2014）

评委与参赛师生合影（东北大学，2014）

评委赛前会议（东北大学，2014）

选手答辩（东北大学，2014）

部分获得一等奖选手合影留念（东北大学，2014）

青春风采（东北大学，2014）

来自新疆的参赛选手讲解作品（东北大学，2014）

评委合影（东北大学，2014）

杭州师范大学党委副书记张志军
开幕式致辞（杭州师范大学，2014）

杭州市商务委副主任吴锡根在现场
（杭州师范大学，2014）

软件服务外包类
评委合影（杭州师范大学，2014）

北京语言大学张习文点评（杭州师范大学，2014）

湖南大学赵欢点评（杭州师范大学，2014）

评委向获奖选手代表颁奖（杭州师范大学，2014）

杭州市副市长谢双成致辞（杭州师范大学，2014）

浙江大学何钦铭讲话（杭州师范大学，2014）

江西师范大学杨印根颁奖（杭州师范大学，2014）

教育部原副部长周远清颁奖（杭州师范大学，2014）

工业和信息化职业教育教学指导委员会副主任委员武马群致辞（中州大学，2014）

北京科技大学姚琳点评作品（中州大学，2014）

中州大学副校长薛培军致辞（中州大学，2014）

武汉大学熊建强代表评委讲话（中州大学，2014）

全体评委合影（中州大学，2014）

全体评委代表与参赛学生的合影（中州大学，2014）

学生代表发言（中州大学，2014）

组委会代表东南大学陈汉武讲话（中州大学，2014）

获奖代表合影留念（中州大学，2014）

部分获奖选手与评委合影（中州大学，2014）

中国人民大学杨小平主持作品点评（福建农林大学，2014）

部分获奖选手合影（福建农林大学，2014）

颁奖现场（福建农林大学，2014）

第 8 届（2015）

参赛作品数：5 500

参赛院校数：389

入围决赛作品数：1 662

入围决赛作品作者人次：4 322

入围决赛作品指导教师人次：2 473

一等奖：109

二等奖：571

三等奖：911

决 赛 日 期	决赛地点及承办院校	决 赛 类 别
2015 年 7 月 16 日至 20 日	武汉，武汉音乐学院	计算机音乐创作类
2015 年 7 月 20 日至 24 日	长春，东北师范大学人文学院	微课（课件制作）类
2015 年 7 月 24 日至 28 日	西安，西北大学	数字媒体设计类专业组
2015 年 7 月 28 日至 8 月 01 日	成都，西南石油大学	数字媒体设计类普通组
2015 年 8 月 01 日至 05 日	昆明，云南民族大学	中华民族文化组
2015 年 8 月 05 日至 09 日	上海，上海大学	软件应用与开发类
2015 年 8 月 13 日至 17 日	北京，北京语言大学	中华优秀传统文化微电影组
2015 年 8 月 17 日至 21 日	厦门，福州大学厦门工艺美术学院	动漫游戏创意设计
2015 年 8 月 27 日至 31 日	杭州，浙江传媒学院	软件服务外包类

开幕式现场（武汉音乐学院，2015）

中央音乐学院张小夫代表评委讲话（武汉音乐学院，2015）

答辩现场（武汉音乐学院，2015）

卢湘鸿、武汉音乐学院领导、决赛筹备组成员及志愿者的合影（武汉音乐学院，2015）

领导与选手合影（武汉音乐学院，2015）（左起：武汉音乐学院教务处处长李幼平、选手、武汉音乐学院副院长胡向阳）

卢湘鸿与武汉筹备组负责人合影（武汉音乐学院，2015）（左起：黄茜、卢湘鸿、冯坚、赵曦）

颁奖现场（武汉音乐学院，2015）

志愿者自拍（武汉音乐学院，2015）

志愿者合影（武汉音乐学院，2015）

嘉宾评委合影（东北师范大学人文学院，2015）

南京财经大学韩忠愿主持开幕式
（东北师范大学人文学院，2015）

答辩现场合影（东北师范大学人文学院，2015）
（左起：东北师范大学人文学院副院长刘乃叔、
东北师范大学人文学院教务处副处长王小梅、
北京语言大学卢湘鸿、东北师范大学人文学院
院长吕英华）

选手作品展示现场（东北师范大学人文学院，2015）

获奖学生（东北师范大学人文学院，2015）

点评现场（东北师范大学人文学院，2015）

清华大学贾京生点评作品（东北师范大学人文学院，2015）

志愿者迎宾（东北师范大学人文学院，2015）

黄山学院孙中胜点评（东北师范大学人文学院，2015）

嘉宾评委合影（东北师范大学人文学院，2015）

教育部原副部长周远清为获奖学生颁奖（东北师范大学人文学院，2015）

闭幕式现场颁奖（东北师范大学人文学院，2015）

部分一等奖获奖选手与颁奖嘉宾合影
（东北师范大学人文学院，2015）

闭幕式主持人东北师范大学人文学院院长吕英华
（东北师范大学人文学院，2015）

闭幕式评委颁奖
（东北师范大学人文学院，2015）

开幕式西北大学纪委书记李邦邦致辞（西北大学，2015）

开幕式现场（西北大学，2015）

开幕式现场（西北大学，2015）

开幕式主席台（西北大学，2015）

给评委杨勇颁发聘书（西北大学，2015）　　南京财经大学韩忠愿代表组委会　　　　　　　　　西北大学耿国华
　　　　　　　　　　　　　　　　　　　闭幕式讲话（西北大学，2015）　　　　　闭幕式讲话（西北大学，2015）

评委合影（西北大学，2015）

优秀作品点评彩排结束后领导与评委合影（西南石油大学，2015）

领导视察、观看优秀作品点评彩排（西南石油大学，2015）

[前排左起：周小明（中国人民大学）、卢湘鸿、王玲（西南石油大学副校长）、靳诺（大赛组委会主任、中国人民大学党委书记）、王康（四川省教育厅副厅长）]

作品展示现场（西南石油大学，2015）

作品演示（西南石油大学，2015）

大赛组委会主任靳诺在现场指导工作
（西南石油大学，2015）

大赛组委会主任靳诺在现场听取工作汇报
（西南石油大学，2015）

副校长王玲颁发一等奖（西南石油大学，2015）

答辩现场评委与选手合影（云南民族大学，2015）

准备入赛场（云南民族大学，2015）

选手介绍作品（云南民族大学，2015）

全体合影（云南民族大学，2015）

云南民族大学闭幕式民族舞蹈（云南民族大学，2015）

南京艺术学院陈利群评委与参赛学生在一起（云南民族大学，2015）

报到现场（上海大学，2015）

选手答辩现场（上海大学，2015）

赛前评委会议（上海大学，2015）

选手答辩现场（上海大学，2015）

开幕式嘉宾评委合影（上海大学，2015）

作品点评现场（上海大学，2015）

国赛专家座谈会（上海大学，2015）

闭幕式现场 1（上海大学，2015）

闭幕式现场 2（上海大学，2015）

闭幕式上的志愿者（上海大学，2015）

部分一等奖选手与颁奖嘉宾合影（上海大学，2015

闭幕式评委颁奖（上海大学，2015）

闭幕式评委与获奖选手合影（上海大学，2015）

闭幕式评委颁奖（上海大学，2015）

合影（上海大学，2015）

生计算机设计大赛　2015.8.6 上海

参加闭幕式的领导与嘉宾包括教育部原副部长周远清、上海大学校长金东寒、上海市教委副主任陆靖等（上海大学，2015）

闭幕式嘉宾评委合影（上海大学，2015）

微电影组开幕式会场全景（北京语言大学，2015）

北京市教育委员会高教处处长黄侃在开幕式上致辞（北京语言大学，2015）

嘉宾评委合影（北京语言大学，2015）

北京语言大学党委副书记的刘伟在开幕式致辞
（北京语言大学，2015）

教育部语信司规划处处长易军开幕式致辞
（北京语言大学，2015）

开幕式东华大学徐亚非代表评委讲话
（北京语言大学，2015）

学生代表开幕式发言（北京语言大学，2015）

大赛开闭幕式主持人北京大学邓习峰（北京语言大学，2015）

部分嘉宾及评委合影（北京语言大学，2015）

全体参赛师生合影（北京语言大学，2015）

报到现场之领赛服（福州大学厦门工艺美术学院，2015）

报到准备（福州大学厦门工艺美术学院，2015）

报到现场之我是志愿者（福州大学厦门工艺美术学院，2015）

评审现场（福州大学厦门工艺美术学院，2015）

参赛选手接受采访（福州大学厦门工艺美术学院，2015）

开幕式现场（福州大学厦门工艺美术学院，2015）

礼仪女孩（福州大学厦门工艺美术学院，2015）

学生自拍（福州大学厦门工艺美术学院，2015）

东北师范大学李雁翎、山东工艺美术学院牟堂娟在开幕式现场
（福州大学厦门工艺美术学院，2015）

答辩现场评委与选手合影（福州大学厦门工艺美术学院，2015）

选手准备答辩（福州大学厦门工艺美术学院，2015）

开幕式主席台（福州大学厦门工艺美术学院，2015）

开幕式武汉理工大学
徐东平代表评委讲话
（福州大学厦门工艺美术学院，2015）

福州大学副校长范更华开幕式致辞
（福州大学厦门工艺美术学院，2015）

参赛学生代表发言
（福州大学厦门工艺美术学院，2015）

嘉宾评委合影（福州大学厦门工艺美术学院，2015）

大赛组委会秘书长、北京语言大学卢湘鸿接受采访
（福州大学厦门工艺美术学院，2015）

大赛主持人中国人民大学杨小平接受采访
（福州大学厦门工艺美术学院，2015）

2015年（第8届）中国大学生

合影（福州大学厦门工艺美术学院，2015）

机设计大赛动漫游戏组合影

二〇一五年 八月 厦门

开幕式评委合影（浙江传媒学院，2015）

答辩现场（浙江传媒学院，2015）

优秀作品展示（浙江传媒学院，2015）

一等奖颁奖现场（浙江传媒学院，2015）

全体合影（浙江传媒学院，2015）

中国大学生计算机设计大赛
组委会主任（扩大）会议在中国人民大学举行

2015 年 10 月 29 日，中国大学生计算机设计大赛组委会主任（扩大）会议在中国人民大学召开。中国人民大学党委书记、大赛组委会主任靳诺，合肥工业大学原党委书记、教育部计算机基础教学指导委员会主任李廉，北京语言大学党委书记李宇明出席会议，中国人民大学信息学院院长、教育部文科计算机基础教学分指导委员会主任杜小勇，北京大学信息学院副院长李文新，东北师范大学人文学院党委副书记石晓峰等参加会议。

会议审议并通过了 2016 年竞赛的《大赛章程》。中国人民大学信息学院院长、大赛组委会副主任杜小勇从赛事定位、组织形式、大赛形式与规则、评奖办法、公示与异议处理办法、经费六个方面对《大赛章程》进行了解释说明，并突出说明了赛事的公益性。北京语言大学教授、秘书处秘书长卢湘鸿对赛事发展历程进行回顾，对《大赛章程》的整体框架表示肯定。会议还审议并通过了大赛组委会下属基本机构组成及其主要职能，以及 2016 年（第 9 届）大赛通知和大赛主题、承办学校等。

这次会议是在大赛规模不断扩大、影响不断提升的背景下召开的，对于加强组委会对大赛的领导、规范大赛运行、防范大赛风险、提升大赛影响具有重要的意义。

参加会议的还有中国人民大学教授杨小平，清华大学教授郑莉，北京语言大学教授卢湘鸿、徐娟，北京大学副教授刘志敏、邓习峰，中国人民大学副教授尤晓东等。

会场

中国人民大学信息科学技术学院院长杜小勇

北京语言大学党委书记李宇明

中国人民大学党委书记靳诺

北京大学信息学院副院长李文新

北京语言大学卢湘鸿

合肥工业大学原党委书记李廉

中国人民大学党委书记靳诺与合肥工业大学原党委书记李廉

清华大学郑莉、中国人民大学杨小平

参会代表合影

第 9 届 2016 年

参赛作品数：约 6 000

参赛院校数：434

入围决赛作品数：2 320

入围决赛作品作者人次：5 418

入围决赛作品指导教师人次：3 202

一等奖：134

二等奖：763

三等奖：1 133

决　赛　日　期	决赛地点及承办院校	决　赛　类　别
2016 年 7 月 23 日至 27 日	合肥，安徽大学	数字媒体设计类普通组
2016 年 7 月 27 日至 31 日	合肥，安徽大学	数字媒体设计类专业组
2016 年 8 月 03 日至 07 日	北京，北京语言大学	数字媒体设计类微电影组
2016 年 8 月 10 日至 14 日	厦门，厦门理工学院	数字媒体设计类动漫组 / 微课与课件类
2016 年 8 月 14 日至 18 日	南京，东南大学	软件服务外包类 数字媒体设计类中华民族文化元素组
2016 年 8 月 18 日至 22 日	宁波，宁波大学	计算机音乐创作类（专业 / 普通组）
2016 年 8 月 22 日至 26 日	上海，华东师范大学	软件应用与开发类

文科教指委扩大会议主席台嘉宾（安徽大学，2016）

文科教指委会场（安徽大学，2016）

数字媒体设计普通组开幕式会场（安徽大学，2016）

评委代表与嘉宾合影（安徽大学，2016）

［前排左起彭小宁（怀化学院）、黄卫祖（东北大学）、曹淑艳（对外经济贸易大学）、卢湘鸿（北京语言大学）、杜小勇（中国人民大学）、张洪（安徽大学）、王浩（合肥工业大学）、黄心渊（中国传媒大学）、詹国华（杭州师范大学）、钦明皖（安徽大学］

安徽大学校长程桦致欢迎辞（安徽大学，2016）

组委会代表杜小勇致辞（安徽大学，2016）

数字媒体设计普通组开幕式前领导合影（安徽大学，2016）
[左起：邓习峰、尤晓东、卢湘鸿、王浩、杜小勇、程桦、郑莉（清华大学）、刘志敏（北京大学）、薛照明（安徽大学副校长）、杨勇（安徽大学）]

数字媒体设计普通组评委赛场合影（安徽大学，2016）
[左起：钦明皖、王学颖（沈阳师范大学）、杨勇、秦绪佳（浙江工业大学）、黄冬明（宁波大学）、赵明生（南京森林警察学院）]

评委与选手面对面（安徽大学，2016）

数媒设计普通组赛场选手答辩（安徽大学，2016）

数媒设计普通组赛场选手签到（安徽大学，2016）

数字媒体设计普通组作品颁奖典礼（安徽大学，2016）

数字媒体设计普通组作品颁奖典礼主持人邓习峰宣读
获奖名单（安徽大学，2016）

数字媒体设计普通组作品点评会场精彩之处 1（安徽大学，2016）

数字媒体设计普通组作品点评会场精彩之处 2（安徽大学，

数字媒体设计专业组作品点评现场指导老师提问
（安徽大学，2016）

数字媒体设计专业组作品点评现场选手提问（安徽大学，2

南京艺术学院严宝平在数字媒体设计普通组作品点评
（安徽大学，2016）

评委王元亮在数字媒体设计专业组作品点评（安徽大学，2016）

数字媒体设计专业组北京科技大学姚琳评委和北京服装学院
李四达合影（安徽大学，2016）

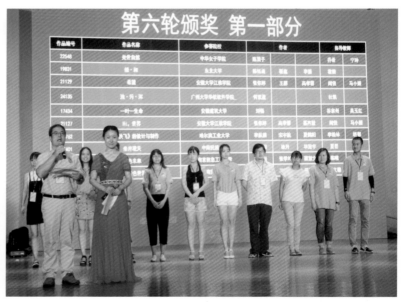

主持人宣读获奖名单（安徽大学，2016）

数字媒体设计普通组评委合影（安徽大学，2016）

数字媒体设计专业组评委合影（安徽大学，2016）

北京大学李文新闭幕式致辞
（北京语言大学，2016）

电影组答辩现场（北京语言大学，2016）

微电影组选手与评委交流
（北京语言大学，2016）

中华文化元素和软件服务外包（报到现场）
（东南大学，2016）

中华文化元素和软件服务外包（赛前准备：物资）1
（东南大学，2016）

中华文化元素和软件服务外包（赛前准备：展板）
（东南大学，2016）

中华文化元素和软件服务外包（赛前准备：物资）2
（东南大学，2016）

中华文化元素和软件服务外包（志愿者合影）（东南大学，2016）

领导合影（东南大学，2016）

中华文化元素和软件服务外包开幕式现场（东南大学，2016）

中华文化元素和软件服务外包评审现场 1（东南大学，2016）　　　　　　中华文化元素和软件服务外包评审现场 2（东南大学，2016）

中华文化元素和软件服务外包作品实物（东南大学，2016）

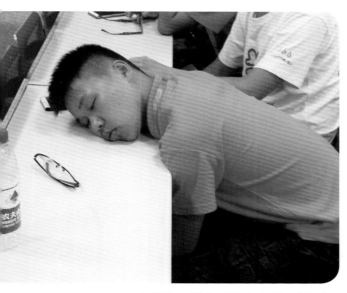

辛勤的志愿者（东南大学，2016）

东南大学李骏扬和他们的志愿者团队（东南大学，2016）

景德镇陶瓷学院康修机等评委闭幕式颁奖（东南大学，2016）

中华文化元素和软件服务外包颁奖典礼（东南大学，2016）

卢湘鸿颁发优秀组织奖（东南大学，2016）

志愿者节目（东南大学，2016）

中华文化元素和软件服务外包颁奖典礼（东南大学，2016）

中华文化元素和软件服务外包类作品点评现场（东南大学，2016）

全景照片

软件应用与开发大赛开幕式华东师范大学周傲英副校长致辞（华东师范大学，2016）

软件应用与开发大赛开幕式上华东师范大学何积丰院士致辞（华东师范大学，2016）

软件应用与开发大赛开幕式杜小勇讲话（华东师范大学，2016）

软件应用与开发大赛报到现场 1
（华东师范大学，2016）

软件应用与开发大赛报到现场 2
（华东师范大学，2016）

软件应用与开发大赛开幕式，卢湘鸿讲话（华东师范大学，2016）　软件应用与开发大赛开幕式上西安交通大学李波代表评委讲话（华东师范大学，2016）　软件应用与开发大赛开幕式学生代表发言（华东师范大学，2016）

软件应用与开发大赛开幕式会场全景（华东师范大学，2016）

软件应用与开发大赛作品评审1
（华东师范大学，2016）

软件应用与开发大赛作品评审2
（华东师范大学，2016）

软件应用与开发大赛作品评审：赛前候场
（华东师范大学，2016）

软件应用与开发大赛学术讲座（华东师范大学，2016）

女评委风采 1（华东师范大学，2016）

女评委风采 2（华东师范大学，2016）

杨勇点评（华东师范大学，2016）

动漫游戏类微客类大赛报到现场（厦门理工学院，2016）

软件应用与开发大赛南京农业大学叶锡君为获奖选手颁奖
（华东师范大学，2016）

软件应用与开发大赛北京语言大学李吉梅为获奖选手颁奖
（华东师范大学，2016）

软件应用与开发大赛颁奖典礼精彩一瞬
（华东师范大学，2016）

北京语言大学党委书记李宇明颁发优秀组织奖党委书记
（华东师范大学，2016）

评委中南财经政法大学刘腾红、首都经济贸易大学牛东来向获奖学生颁奖（华东师范大学，2016）

开幕式现场（厦门理工学院，2016）

卢湘鸿开幕式致辞（厦门理工学院，2016）

厦门理工学院副校长吴克寿开幕式致辞
（厦门理工学院，2016）

开幕式北京科技大学姚琳代表评委讲话
（厦门理工学院，2016）

《计算机教育》杂志社主编奚春雁出席大赛并颁奖
（厦门理工学院，2016）

2016 年（第 9 届）中国大学生计算机设计大赛（微课／动漫）暨（第 3 届）中国大学生动漫游戏创意设计大赛合影（厦门理工学院，2016）

参赛师生见面会现场（厦门理工学院，2016）

部分女评委合影（厦门理工学院，2016）

闭幕式华中师范大学高丽为获奖选手颁奖
（厦门理工学院，2016）

闭幕式颁奖典礼：周远清为获奖学生颁奖（厦门理工学院，2016）

福建省教育厅高教处处长林清泉在闭幕式致辞（厦门理工学院，2016）

福建省经信委副主任严效东闭幕式致辞（厦门理工学院，2016）

第 10 届 2017 年

参赛作品数：约 10 000

入围决赛作品数：2 871

入围决赛作品作者人次：6 815

入围决赛作品指导教师人次：3 858

一等奖：168

二等奖：867

三等奖：1 420

参赛院校数：435

决 赛 日 期	决赛地点及承办院校	决 赛 类 别
2017 年 7 月 17 日至 21 日	成都，成都医学院	数字媒体设计类普通组
2017 年 7 月 22 日至 26 日	长春，吉林大学	数字媒体设计类专业组
2017 年 7 月 27 日至 31 日	北京，北京语言大学	数字媒体设计类微电影组
2017 年 8 月 01 日至 05 日	合肥，安徽新华学院	数字媒体设计类动漫组
2017 年 8 月 06 日至 10 日	合肥，安徽新华学院	微课与教学辅助类
2017 年 8 月 11 日至 15 日	上海，上海商学院	数字媒体设计类中华民族文化元素组
2017 年 8 月 16 日至 20 日	南京，南京师范大学	软件应用与开发类
2017 年 8 月 21 日至 25 日	杭州，杭州电子科技大学	软件服务外包类
2017 年 8 月 26 日至 30 日	杭州，浙江音乐学院	计算机音乐创作类（专业组／普通组）

曹淑艳代表教指委讲话（成都医学院，2017）

南开大学赵宏在大赛学术会议（成都医学院，2017）

中国传媒大学黄心渊在大赛学术会议上
（成都医学院，2017）

东北大学霍楷在大赛学术会议上（成都医学院，2017）

大赛组委会向成都医学院赠送校庆礼品（成都医学院，2017）

开幕式主席台（成都医学院，2017）

组委会代表杜小勇开幕式致辞（成都医学院，2017）

清华大学杨静代表评委在开幕式讲话（成都医学院，2017）

选手代表开幕式发言（成都医学院，2017）

进入答辩现场前的选手和其作品海报（成都医学院，2017）

辛苦的志愿者（成都医学院，2017）

获奖选手代表与颁奖评委王元亮、刘志敏合影留念（成都医学院，2017）

获奖选手代表与承办方领导梅挺（成都医学院）合影（成都医学院，2017）

闭幕式舞蹈表演（成都医学院，2017）

闭幕式学生舞蹈表演（成都医学院，2017）

闭幕式部分参赛部队院校演唱军歌（成都医学院，2017）

获奖选手代表与颁奖评委刘玫瑾（北京体育大学）合影（成都医学院，2017）

靳诺向优秀组织奖获得院校代表颁奖（北京语言大学，2017）

山东工艺美术学院牟堂娟代表评委在开幕式讲话
（北京语言大学，2017）

印度尼西亚留学生在闭幕式上演唱中国民歌
（北京语言大学，2017）

中国传媒大学张歌东点评选手作品（北京语言大学，2017）

福州大学何俊点评选手作品（北京语言大学，2017）

厦门理工学院刘景福点评选手作品（北京语言大学，2017）

国家一级导演王学新点评选手作品（北京语言大学，2017）

沈阳师范大学王学颖（左二）、北京林业大学上官大堰（右一）与获奖学生代表合影（北京语言大学，2017）

山东师范大学刘兴波（左三）、北京信息科技大学崔巍（左四）与获奖学生代表合影（北京语言大学，2017）

北京语言大学张习文（右二）、北京语言大学黄展（左二）与获奖学生代表合影（北京语言大学，2017）

鲁迅美术学院刘健（左三）、北京科技大学姚琳（右二）与获奖学生代表合影（北京语言大学，2017）

对外经济贸易大学陈恭和（右二）、北京语言大学高金萍（左二）等与获奖学生代表合影（北京语言大学，2017）

北京语言大学原党委书记，大赛组委会副主任李宇明（左二）、北京语言大学党委书记倪海东（右一）与获奖学生代表合影（北京语言大学，2017）

中央民族大学曹永存与获奖学生代表合影（北京语言大学，2017）

张国栋、徐琳与获奖学生代表合影（北京语言大学，2017）

教育部原副部长周远清在闭幕式上（北京语言大学，2017）

教育部原副部长周远清与承办校方代表、微课组全体评委合影（安徽新华学院，2017）

教育部原副部长周远清向获得优秀组织奖（微课组）的院校代表颁奖（安徽新华学院，2017）

微课组闭幕式舞蹈表演（安徽新华学院，2017）

微课组闭幕式民乐表演（安徽新华学院，2017）

南京艺术学院陈利群代表评委讲话（安徽新华学院，2017）

伉俪评委南京邮电大学宗平、秦军与获奖学生合影
（安徽新华学院，2017）

合肥工业大学王浩与获奖学生合影（安徽新华学院，2017）

教育部科学技术委员会委员博士生导师原安徽大学副校长韦
穗与卢湘鸿一起为获奖学生颁奖（安徽新华学院，2017）

全部评委合影（南京师范大学，2017）

我的作品（南京师范大学，2017）

认真的选手，认真的评委（南京师范大学，2017）

陈国良院士、南京师范大学吉根林等参
加闭幕式（南京师范大学，2017）

清华大学郑莉与获奖学生合影
（南京师范大学，2017）

陈国良院士为获得优秀组织奖的院校代
表颁奖（南京师范大学，2017）

北京大学邓习峰、南京大学金莹主持闭幕式（南京师范大学，2017）

中国科学院院士陈国良在闭幕式上致辞（南京师范大学，2017）

闭幕式上的女评委（南京师范大学，2017）

闭幕式歌唱表演（南京师范大学，2017）

闭幕式舞蹈表演（南京师范大学，2017）

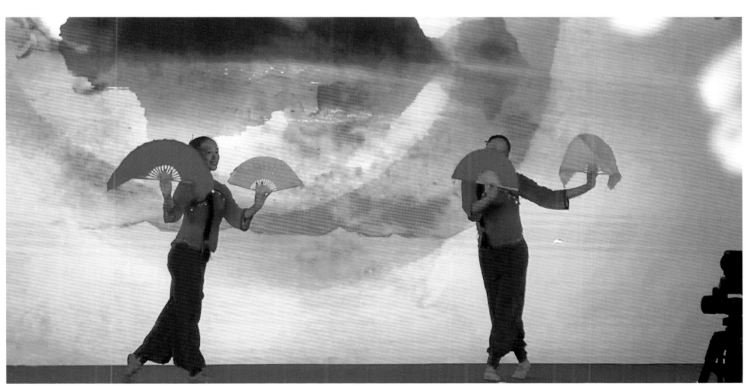

闭幕式舞蹈表演（南京师范大学，2017）

答辩现场（杭州电子科技大学，2017）

答辩现场（杭州电子科技大学，2017）

闭幕式校方代表致辞（杭州电子科技大学，2017）

部分一等奖获奖选手与颁奖嘉宾杜小勇等合影
（杭州电子科技大学，2017）

作品点评（杭州电子科技大学，2017）

南京信息工程大学马利、南京财经大学韩忠愿主持作品点评
（杭州电子科技大学，2017）

杭州电子科技大学吴卿在大赛学术会议上
（杭州电子科技大学，2017）

闭幕式女生独舞（杭州电子科技大学，2017）

答辩现场（浙江音乐学院，2017）

开幕式（浙江音乐学院，2017）

大赛组委会秘书长卢湘鸿向获得优秀组织奖的院校代表颁奖（浙江音乐学院，2017）

闭幕式上的主持人（浙江音乐学院，2017）

04

作品选录　撷英集粹

江河东逝变时空，
浪花舒卷映彩虹。
愈久弥新留佳作，
代有群星出英雄。

《行路难》教学课件

参赛届次： 第 1 届

参赛院校： 杭州师范大学

作　　者： 李胜忠　刘佳媛

指导教师： 晏明　张佳

获得奖项： 一等奖

作品简介

通过对《行路难》课件的学习，可以增加大量的文学常识，也可以了解到更多的关于诗人李白的历史知识。当前，本题材的课件资源缺乏，因此制作本课件有较好的实用价值。

本课件主要采用 Flash 8.0 动画技术结合 ActionScript 2.0 编程技术进行动画、交互设计制作。课件中的图片采用 Photoshop CS2 软件来制作、处理。导入部分的视频通过会声会影对视频文件按需要进行剪辑和编辑。留言板是用 ActionScript 2.0 结合 ASP 制作。

课件的重点就在于如何吸引学生的兴趣，吸引住学生的注意力后就可以牵引住学生的思维展开教学。所以，不仅安排了示范朗读的环节，还添加了学生自行录制朗读诗歌并能播放的功能，通过这项功能来吸引学生学习的乐趣。

作品效果图

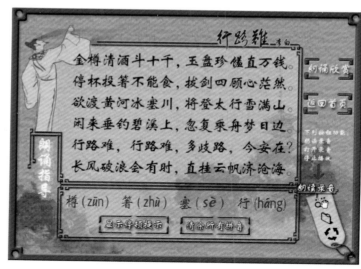

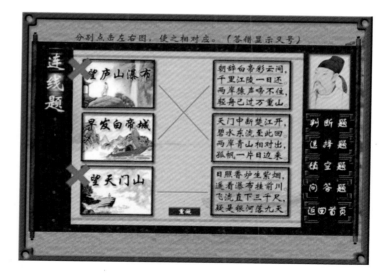

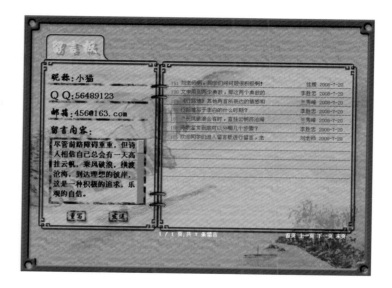

设计思路

选用的课题是《行路难》三首中的第一首,《行路难》是唐代诗人李白的代表作之一，是初中语文 8 年级下册的一篇乐府诗。通过对本首诗的学习，可以增加大量的文学常识，也可以了解到更多的关于诗人李白的历史知识。另外，由于该题材的课件资源缺乏，我们的开发制作也将填补我国在这方面的不足。因此，本次课件制作有较好的实用价值。

制作课件之前我们精心设计了教学设计，希望能够通过这个课件来吸引学生的注意力，提高他们的学习兴趣。所以，课件的重点就在于如何激发学生的兴趣，吸引住学生的注意力后就可以牵引住学生的思维展开教学。在教学设计中我们考虑到教学内容是诗歌，而诗歌具有节奏明快，音韵优美，很适合朗读的特点，利用这个特点我们在课件中特别设计了朗读体味诗歌的环节，希望学生在朗诵中感受诗歌的韵律和意境以及诗人作诗的情感。考虑教学对象的特点，我们不仅安排了示范朗读的环节，还添加了学生自行录制朗读诗歌并进行播放的功能，通过这项功能来吸引学生学习的乐趣，这是我们的重点，这样学生之间就可以相互学习交流。

以往的课件只是单向的知识传输，没有充分考虑教师和学生的交流反馈，而往往这块内容在教学过程中是非常重要的，所以我们在课件中用 ActionScript 2.0 结合 ASP 制作了"留言板"的功能，增加了师生之间的互动，这也是我们课件的一个亮点。留言板功能是在网络平台上使用的，所以对留言使用的要求有点高，可以通过 IIS 组件来建立虚拟目录打开留言板。Flash 本身是不可以直接操作 Access、 SQL、 MySQL 等数据库的，它只能依靠 ASP、PHP、JSP 等其他的语言来实现数据的提交和查询。同时，Flash 还可以和 XML 对接，实现一些数据的操作。本程序主要是用 ASP 编写数据过渡的中间页面,通过 XML 传递 Flash 中的数据，然后再通过 ASP 写入数据库中。

专家点评

本课件教学对象是活泼好动的初中学生，对他们而言，古诗是比较枯燥乏味的内容，本课件以精心设计的教学过程为基础，采用菜单式的课件调度，可根据需要深入学习掌握相关知识。具有循序渐进、启发式教学、以学生自主探究学习为主的特点，风格新颖、实用性强，适合自学或配合课堂教学进行演示。本作品采用技术适当、先进，音、视、图、文字结合，具有示范朗读、学生自行录制朗读并回放等功能，能有效吸引学生的注意力，提高学习兴趣。

点评专家

边小凡（河北大学 教授）

湖 湘 文 化

参赛届次： 第 2 届

参赛院校： 南京工业大学

作　　者： 贺建根

指导教师： 张军强

获得奖项： 一等奖

作品简介

本作品是以"湖湘文化"为主题的学习交流网站。通过潇山湘情（内涵）、逆旅千古（历史）、翰墨流芳（文章）、今贤先哲（名人）、潇湘如画（风光）、钟灵毓秀（专题）六大栏目从不同方面和视角向浏览者展示湖湘文化的内涵和精神特质。希望以此能为湖湘文化的传承和发扬贡献绵薄之力，并激发浏览者对地域文化的兴趣和关注。网站页面全部采用 Flash 技术并结合 Photoshop、Illustrator 等软件设计制作，大量运用中国传统元素和交互动画元素，充分发挥 Flash 的页面表现能力和互联网技术的优势，形成古朴典雅风格的页面、舒缓流畅的画面感和较好的交互浏览体验。网站的数据读取结合 ActionScript、ASP.NET、WebService 技术，三层结构的数据库操作，实现了 Flash 与数据库（SQL Server 2005）灵活方便的数据交互。

作品效果图

首页页面效果图，一幅动画版的水墨长画。

创意来源：北京奥运会开幕式表演。

潇山湘情（内涵），园林一角。

创意来源：中国传统园林建筑。

逆旅千古（历史），岳阳楼屏风画。

创意来源：中国传统家居。

先哲今贤（名人），月色荷塘上星光熠熠。

创意来源：荷塘风光。

先哲今贤（名人）页面内容展开页面，

泛黄的纸张记录伟人的足迹。

潇湘如画（风光）页面，风光之中又见风光。

钟灵毓秀（专题）页面，窗外一角。

创意来源：中国古建筑。

带视频播放功能的页面，
富有特色充满"中国味"的播放器。

湖湘戏曲专题子网站，简约的水墨画。

创意来源：中国山水国画。

设计思路

　　本网站是以"湖湘文化"为主题的学习交流网站，有潇山湘情（内涵）、逆旅千古（历史）、翰墨流芳（文章）、今贤先哲（名人）、潇湘如画（风光）、钟灵毓秀（专题）六大栏目，网站从不同方面和视角向浏览者展示湖湘文化的文化内涵和精神特质。网站具有信息展示和交流的功能，浏览者在浏览信息的同时，还可以就浏览内容进行评价和发表自己的观点。在每个版块中都配有内容精彩的原创对联和诗句，提升了网站的人文内涵。

卓越家超市系统

参赛届次： 第 3 届

参赛院校： 同济大学

作　者： 景鸿　张诗娟　姚利秋

指导教师： 袁科萍

获得奖项： 一等奖

作品简介

随着商业的日渐发达，超市成为现代生活不可或缺的部分。然而，超市存在着信息不对称、人文关怀少、网上交易缺失等缺陷，这也是我们希望为现在超市解决的问题。我小组成员结合 VB.NET 和 SQL Sever 程序设计了卓越家超市系统。系统共分为两部分：面向顾客的"卓越家客户端"和面向管理员的《卓越家主程序》，旨在将系统运用于超市实体的各个查询机、管理员和远端客户。界面简单明晰，符合商业特点，亲切方便。通过 VB 与 SQL 的连接、诸多完整性约束、各方插件使用，使功能得以实现（如超市布局、新品推荐、促销信息），并使信息传递相对全面，将超市塑造为顾客的"卓越家"（如小贴士部分），而不只是一个销售商。

作品效果图

客户端登录界面

客户端主页

超市布局查询功能

设计思路

超市在我们生活中扮演着重要的角色，但在实际生活当中，我们发现，现有的超市经营模式存在与顾客交流不畅等诸多问题。

首先，信息不对称。许多消费者虽然在超市办了会员卡，但在很多时候却不知道会员价和普通价的区别，这就使得超市会员并不能享受到会员的"优惠待遇"，进而在很大程度上影响了顾客对超市的忠诚度；同时，很多顾客也不知道哪些商品正在实施优惠促销，超市又有哪些新增加的商品，这既使得消费者无法及时了解超市信息，同时也使得超市的经营受到很大限制；另外，消费者之间对商品没有相互推荐，新的消费者不知道已经使用过该商品的用户对该商品的感受和评价，缺少信息交换的过程。

其次，人文关怀少。很多超市的消费者都曾经或多或少地感觉，自己进入超市以后像一只无头苍蝇，花费很长时间也找不到自己想要的商品；有的人对超市存在很多意见却无处投诉，觉得超市只是一个货物供应商，并没有真正考虑消费者的感受。

最后，网上交易缺失：随着现代人生活节奏的加快，距离、价格、时间等很多问题变得相互矛盾，总是顾此失彼，难以找到一种令人满意的解决方式。这些都说明现在的社会需要一种更灵活的商务模式，以满足人们多样化的需求。

我们小组成员正是希望解决这些长期存在并影响着每个人生活质量，但始终未得到解决的问题。于是，卓越家超市应运而生。卓越家超市的灵感来源于我们小组的三位成员 [张诗娟（Z）姚利秋（Y）景鸿（J）]，我们希望超市不是现代版的杂货店，更希望超市能够真正成为提高人们生活质量的不可或缺的一部分。

十 里 红 妆

参赛届次： 第 3 届
参赛院校： 宁波大学
作　　者： 王华龙　王吟　朱佳佳
指导教师： 刘景福
获得奖项： 一等奖

作品简介

本作品以网站的方式，部分采用手绘的特点，将故宫结合视觉画面和内涵、功用，展现出故宫的建筑、文化和历史。在结构上，由主页和博览、历史、简介、故事、文物、建筑六个主板块构成。可控制的滚动博览作为故宫主要建筑的宏观一览图，清淡风格的笔、墨、纸、砚恰好对应故宫的历史、简介、故事、文物四个部分，系统介绍故宫主要宫殿的建筑板块都集合在作品中。在内容上，主要是表现故宫融合了悠久的文化历史，是我国古代劳动人民智慧的结晶，以达到让浏览者学习和了解故宫的历史文化、建筑特色的目的。

作品效果图

设计思路

　　这个网站的首页融合中国红和威严高贵的黑色，手绘的石狮子，衔接"进入网站"的红色印章，洒脱大气的毛笔字使整个页面富有冲击力。

　　历史、简介、故事、文物四个板块首先出现滚动的墨汁下沉，然后页面浮现在眼前，寓意时间的倒退，故宫重现眼前。在清新淡雅的风格下，四个板块的内容恰好可以与具有深刻内涵的笔、墨、纸、砚四个主题相对应：

　　笔：一支毛笔滑写出的源长的墨迹，象征故宫历史的渊源随着时间追溯至今。

　　墨：苍劲有力的圆形墨迹、棱角分明的古建筑，象征着中国传统的方圆之说。

　　纸：古老的卷纸慢慢展开，展示故宫风采，页面背景荷花游鱼，寓意故宫中的故事。

　　砚：毛笔在砚台中蘸墨，墨水滴下，引出开始介绍相关文物，包括书画、青铜器、瓷器及其他，这四个子页面的在版式设计上相呼应，其背景也采用手绘图。

　　建筑部分加入空间位置关系，鼠标移到介绍的主要建筑三大殿、太和门、御花园所在的位置，点击即可获得相关介绍，可以使浏览者对故宫有整体和局部上的了解。

　　博览是运用多张图片和 Flash 技术衔接起来的宏观一览图。选取具有典型性的主要建筑进行展示，巧妙地运用各类与故宫相关的石像实物将各个建筑横向地串接起来，配以变幻的天空、瀑布、彩虹。天空与宫殿位移不同，使天空的变换不失过渡，让长页面更具动感。

　　网站从整体来看，各个板块分别描述了故宫的相关方面，即相互并列也紧密联系，文房四宝主题运用使故宫文化、历史、文物联结起来，其下还有子页面，突出了本网站纵深和横向延伸的特点。

My dream

参赛届次：第 4 届

参赛院校：东北大学

作　　者：罗惠　王君　李传玲

指导教师：任萌　霍楷

获得奖项：一等奖

作品简介

　　通过 Flash 动画设计唤起人们对低碳环保理念的强烈认知，从而能够真正地付诸行动，用聚沙成塔的信心和力量，托起明天绿色的希望。

　　生活性＋专业性＋原创性，选取生活中几个人们切身体会到的环境变化的场景，带人们回顾这些鲜活的体验，从而起到震撼人心的效果。我们将充分运用课上所学知识，在 Flash 动画过程中结合利用我们创作的数十张相关精美海报，从而充分地表现我们"低碳环保"的理念。

作品效果图

　　由小孩在做梦所提出的"什么是低碳环保呢？"这个问题，引出四个不同的梦境：第一个梦境名为"共生"，意思是人和环境要和谐共处；第二个梦境为"闭月"，表现了大气污染对环境的破坏；第三个梦境为"羞花"，表现土壤污染对植物的破坏；第四个梦境为"落雁"表现现代酸雨污染的危害。随后，动画将围绕这四个梦境而展开。

　　单击按钮出现海报，单击关闭按钮出现下一场景。

　　动画人物经过沙滩来到了城市的街道，城市生活是那么美好，有小女孩骑着自行车经过，有清脆的铃铛声，还有巴士经过。随后展现的是一幅"节能减排 环保出行"的海报，意为提倡节能减排、低碳出行。我们希望传达的信息是，这些环保的生活小细节是时尚的而且是真诚的，是有效可行的。

　　工厂废气排放越来越严重，空气遭到破坏。随后引出一幅名为"难得一片天"的海报，表明由于空气污染加重，城市也越来越难以见到蓝天，整个城市处于一种混沌的状态，于是应提倡"低碳减排、绿色生活"的理念。

设计思路

"敕勒川，阴山下。天似穹庐，笼盖四野。天苍苍，野茫茫，风吹草低见牛羊。"当你吟唱这首北朝民歌的时候，眼前是不是出现了一幅美丽的风景画：苍茫的天地之间，风吹拂着丰茂的草原。可是让我们深感悲痛与惋惜的是，这幅景象早已成为了一段记忆。

我们曾在湛蓝的天空下呼吸着清新的空气；我们曾流连于草长莺飞，花红柳绿的周遭中；我们曾在碧水中嬉戏，看游鱼细石；我们曾为拥有取之不尽，用之不竭的能源而庆幸……曾经那个绿色的地球让我们如此自豪。

可是今天，当我们放眼现实时，才发现地球早已是千疮百孔，不堪一击：滥砍滥伐使鸟类失去了家园，也使沙尘暴、龙卷风、洪水频频惩罚人类；日益严重的河流污染，几乎使水中生物面临绝境，甚至影响到了人类的饮水问题；城市酸雨污染普遍，环境进一步恶化；大气污染使蓝天不再；能源储备量不能满足人类的需求……

环境的恶化让我们无法做到熟视无睹，低碳环保的行动刻不容缓。

基于此，我们想通过 Flash 动画设计唤起人们对低碳环保理念的强烈认识，从而能够真正地付诸行动，用聚沙成塔的信心和力量，托起明天绿色的希望！

酸雨就像千万个伞兵，从空中跳下来，给人们和城市带来了危害，对建筑造成了巨大的腐蚀作用。随后引出了一幅名为"落雁"的海报，表明了酸雨对土壤、水资源带来的严重危害。

专家点评

创意符合主题要求，构思较为巧妙，资料利用合理，表现力较强。海报穿插作品其中，漫画小人形象设计得好，场景过渡合理，每个场景都紧扣主题，不同的场景表达了人们的希望以及污染破坏的悲哀。闭月——烟囱排黑烟遮住了月亮；羞花——环境污染花死亡……但是画面对主题支持略显不够。

鸟　树　情

参赛届次： 第 4 届
参赛院校： 华东理工大学
作　　者： 施佳敏
指导教师： 邢晓怡
获得奖项： 一等奖

作品简介

《鸟树情》是一部长为 8 分钟的三维影视动画短片，意在以情动人，呼吁环保。形式上，运用了大量比较先进的计算机辅助设计软件和技术，尤其利用 3D 技术模拟出较为逼真的真实场景。配合环绕音效，多维一体地描绘出了一幅幅感人的画面，给人心灵的震撼。主题思想上，作者从辩证的角度来看低碳与环保这个焦点问题，并引起人们的思索：倘若高科技带来的低碳与本真的环保有所冲突，人们应该如何抉择。本片讲述了一个鸟树情深的故事，从小鸟破壳而出在大雨中孤立无援，老树抚养了她，到鸟歌树舞一切都是那么美好，再到厄运到来，老树被当成了转基因改造的实验品，到老树已暮，而鸟却相依，本片揭示一个爱的真理，提出要理性低碳，树立科学发展观，在科学技术日益发展的今天不要顾此失彼。最终故事圆满结束，并留有余味，诠释了一条哲理：珍惜现在比追忆过去更美丽！意在呼吁人们珍惜现在的绿色，不要等到失去了才追悔莫及。

作品效果图

设计思路

    21 世纪的今天，随着科技的不断进步，人们的生活水平也不断提高，然而工厂排放的污气，汽车的尾气导致的过量碳排放正悄然无声地破坏着环境。因此，低碳与环保的话题不由得引起了我的思索。回首原始社会，农耕火种，虽然科技和文明比较落后，但草木成林，绿意盎然，人类没有刻意地保护自然，但也几乎从没遭遇环境恶化的问题。而如今，尤其是在科技比较发达的国家与城市，树木覆盖面积却很少，环保也渐渐成为人们关注的焦点。可见，科技的发展与环境的恶化之间存在着不可分割的联系，而科技与环保从某种意义上存在着矛盾。很多情况下，人们为了建设和发展技术而弱化了环保意识，不经意间忽视了保护环境，甚至间接地破坏了自然。那么科技究竟是人类的福音，还是灾难，抑或是把双刃剑？高科技难道一定会破坏自然吗？当先进的科学技术与保护大自然产生矛盾时，我们应该如何抉择？

带着这些问题，我构思出了《鸟树情》这个剧本，并提出了理性环保的口号！在剧本中，笔者假设了一种比较极端的科技与环保产生冲突的情况：环境不断恶化，某生物学家格林博士发明出了一种新型的转基因纳米机器人（蜘蛛状），可以有一个机械蝎子注入绿色植物体内，意在重组此植物的 DNA 序列，使得转基因后植物能加速光合作用，单位时间内吸收二氧化碳并释放氧气的效率为原来的几百倍，对减碳的作用十分显著。但转基因的代价是绿色植物的新陈代谢系统将会停止，如同植物人丧失情感与记忆一样，改造后的植物将永久地丧失生命力和灵魂（本片为了达到生动感人的效果，把树拟人，转基因后老树将永久失去情感和记忆）。简而言之，尖端的转基因技术将绿色植物改造成了没有生命、没有灵魂、没有情感的高效氧气发生器。自诩的格林博士甚至还扬言，如果他的技术能够广泛应用，那么纳米机器人将成为环境恶化的终结者，彻底解决低碳问题，开创人类环保的新纪元！显然此说法是非常荒唐的，但问题的症结是，格林博士的初衷是为了环保，为了低碳，是值得称道的，但是他的理念中存在了谬误，他认为减碳放氧能防止温室效应，以此达到环保，但他没有意识到，在他所谓"环保"的同时，却牺牲了绿色植物，破坏了生态环境，从另一角度使得环境更加恶化，因而引发了高科技与环保的矛盾。其实环保的本质是保护大自然，植木造林，增加森林覆盖面积才是真正意义上的环保，所以笔者认为不但要增强环保意识，从本质做起，当科技与环保产生冲突时，更要理性地去环保！

故事的结尾，格林博士痛哭流涕，猛然醒悟，他不但放弃了从事多年的转基因研究，而且举起了植木造林的旗帜，成了正在环保的积极分子。那么究竟是什么对他造成了如此重大的转变呢？是什么感动了他？是鸟树情。

专家点评

《鸟树情》是三维影视动画短片，短片用拟人化的形式表达鸟树情，故事情节感人，以情动人，呼吁环保。作品中人物造型、制作栩栩如生，3D 软件和相关软件应用熟练，作品具有原创性，影像声音效果较好，在艺术性和技术性上做到了较好的统一，是一个有特色的三维动画作品。但作品中部分内容可以精练，结尾过于沉长。

《古戏台》交互装置

参赛届次： 第6届

参赛院校： 北京工业大学

作　　者： 陈思羽　岳菁菁　王家斌

指导教师： 吴伟和

获得奖项： 一等奖

作品简介

　　古戏台建筑，是传统戏曲的载体，体现着我国古代建筑艺术的绚丽和辉煌，但这一珍贵遗产现已遭到了严重的损毁。我们想借助全息、多媒体、交互的新技术，进行传统文化在表现形式和观看形式方面的探索。戏台的外观主要参考清代戏台的外形结构，为保留传统文化的风貌，材料选择了木质，反映了中国建筑的特色。舞台灯光上，运用单片机技术，根据场景内容的变化，自动控制舞台灯光的变化，营造了舞台空间感。画面呈现上，古戏台交互装置将真实道具与幻影成像相结合，产生亦幻亦真的神奇效果。交互方式上，突破了传统鼠标、键盘的局限，以击鼓作为交互输入方式，用鼓槌轻敲四个鼓，就能触发对应角色的动画、音乐，增强了观众的参与性和观看方式的趣味性。

作品效果图

整体效果展示

海报设计

鼓面设计

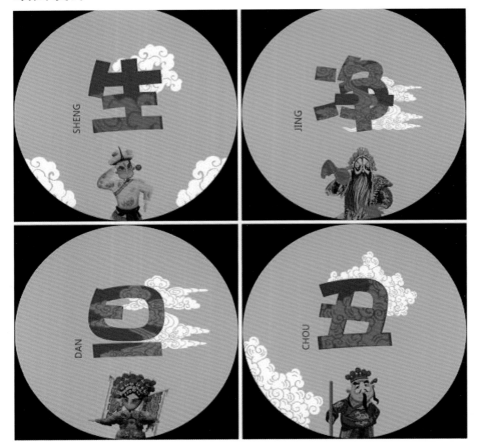

虚实结合（视频特效）

交互演示

设计思路

　　古戏台，作为传统戏曲的载体，戏台联系着我国古代多种多样的和戏曲民俗，负载着传统戏曲的艺术形态和观演关系，乃至民族情感和民族精神。中国遍布城乡数以万计的古戏台见证了戏曲的形成，是非常宝贵的"固态的戏剧文化"，它体现着我国古代建筑艺术的绚丽和辉煌。但由于各种自然灾害和人为原因，这一珍贵的文化遗产在过去的半个多世纪里，遭到了严重的损毁。我们希望以综合材料装饰安装好的古戏台为平台，运用多媒介、多技术、多艺术手段展现中华瑰丽的传统文化。

　　本作品以古代戏曲舞台为出发点，采取幻影成像技术的原理，汲取交互装置设计的新兴艺术表现形式，将Flash技术与摄像头、Arduino相结合，将有趣的戏曲动画内容置于戏台——这个装置艺术中，营造一个相对真实的氛围，使观众更好地沉浸于戏剧中，以达到宣扬中国传统文化的目的，使传统文化逐渐趋向现代化、大众化，使其在多样性文化的冲击下不会被大众遗忘。

清·河

参赛届次： 第6届

参赛院校： 北京体育大学

作　　者： 王淳乎　徐佳堃　张娴

指导教师： 陈志生

获得奖项： 一等奖

作品简介

　　北京体育大学西南门的桥下静静地躺着一条河——清河，位于北京市北五环，是北京市主要的排洪河流。在清河边上生活着一类人——河道清理工。在清河的河道治理问题日益突出的背景下，他们的生活被推到了尴尬的位置。他们聚居在大闸边上的小平房，每天日出而作，日落而息，划船在清河上，或顺

作品效果图

我姓严　叫严亭忠
My family name is Yan, my full name is Tingzhong Yan.

流而上或逆流而行，拾捡河面上的垃圾。尽管每天都在清理河道，但看着治理成效并不显著的河面环境，面对那些只盼望着政府投入治理河道环境污染的百姓和他们的批评、议论，他们也常常感到无奈和迷茫；他们来自不同的地方，在北京这个家也有自己的梦想，在现实和梦想之间也常常摇摆，日子就这样在忙碌中度过。不过，

他们的生活却各有各的滋味，映照在清河上的只是他们生活中摇碎的一段桨影。他们的生活为纪录片的创作提供了很好的素材。走进这个群体，认识他们，从中了解北京环境保护和水污染治理的艰难，深切感受共同生活重压下的责任、迷茫和期待，将构成一部纪录片的社会性主题。

设计思路

在"水"这一主题下，以北京著名的历史河流之一清河为依托，试图以纪录片的形式来反映河道清理工这一类人群的生活状况。

近年来，清河的污染问题越来越为人们所重视，政府投入了大量精力在整治上。河道清理工一边在政府的严格管理下做着辛苦的工作，一边又要受到来自老百姓的抱怨，因而处在一个相对尴尬的位置。本片希望能在跟拍主人公老严的过程中，挖掘这一点。

纪录片最重要的特点就是真实记录。我们花了将近半个月的时间走进这支队伍，走进这群人的生活，通过生活中的细节来还原河道清理工真实的生活状态。此外，我们还对清河两岸生活的百姓进行了街头采访，从他们口中问出对清河的看法，以及对这群人的看法。因此，在剪辑过程中，采用了第一人称和第三人称结合叙述的方式，用第一人称的叙述来表现本片的线性主题，即河道清理工虽然工作艰辛生活清贫但知足常乐，依然乐观对待生活；用第三人称来表现本片的隐形主题，即这些农民工看似卑微，却在做着对城市生活非常重要的工作，事实上，很多政府措施的最终落实者也正是这群人。

《汉字文化》教学课件

参赛届次： 第 7 届

参赛院校： 辽宁师范大学

作　　者： 刘双平　刘蕾　刘畅

指导教师： 刘陶

获得奖项： 一等奖

作品简介

　　古戏台建筑，是传统戏曲的载体，体现着我国古代建筑艺术的绚丽和辉煌，但这一珍贵遗产现已遭到了严重的损毁。我们想借助全息、多媒体、交互的新技术，进行传统文化在表现形式和观看形式方面的探索。 戏台的外观主要参考清代戏台的外形结构，为保留传统文化的风貌，材料选择了木质，反映了中国建筑的特色。舞台灯光上，运用单片机技术，根据场景内容的变化，自动控制舞台灯光的变化，营造了舞台空间感。画面呈现上，古戏台交互装置将真实道具与幻影成像相结合，产生亦幻亦真的神奇效果。交互方式上，突破了传统鼠标、键盘的局限，以击鼓作为交互输入方式，用鼓槌轻敲四个鼓，就能触发对应角色的动画、音乐，增强了观众的参与性和观看方式的趣味性。

作品效果图

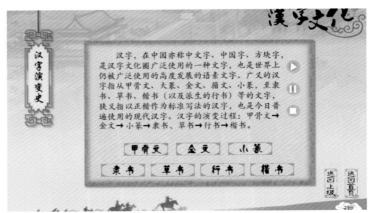

设计思路

目前，网络语言入侵使得学习者将正确的汉字读写与"网络流行语"混淆，造成了读音不清，字义不明。为了纠正人们由此产生的错误的汉字书写与理解，普及汉字文化，本课件围绕汉字"音、形、义"的融合，实现了教学目标。

在内容设计思路方面，本课件是针对中学的写字课所设计的，是按照"教学需求分析、学习者分析、教学目标、教学模块"几方面进行的。

在教学需求方面，我们针对近年来人们对汉字的关注和汉字的重要性进行了总结，课件旨在增强汉字文化的普及度，纠正人们错误的书写，所有内容都是按照国家最新制定的《语文课程标准》中对中学生的汉字书写要求而设计的。

在学习者分析方面，我们详细地分析了中学生的心理特点和学习特点：

(1) 中学生学习内容逐步深化；

(2) 学科知识逐步系统化；

(3) 中学生对知识的学习由感性向理性过渡，以掌握知识为主，培养兴趣为辅。

根据以上学习者分析结果，课件从教学环节的完整性和对学生自主性的培养等方面保证课件的适用性。

在教学目标方面，我们严格按照"知识与内容、过程与方法、情感态度与价值观"三方面，确定了如下教学目标：

(1) 掌握汉字的字音、字形、字义；

（2）了解汉字的起源过程及各种学说，了解汉字与各类文化的关系；

（3）练习正确书写汉字的笔顺；

（4）培养汉字文化的认同感，传承并弘扬汉字文化。

在教学模块方面，分为"导入、知识讲解、技能训练、巩固练习、知识拓展"五大模块，每一大模块都有对应的知识简介和技能训练。

在界面设计思路方面，优秀的Flash课件是教学成功的一半，有机地结合课程特点，制作科学完美、有趣生动、具有观赏性的课件，是取得教学成功的坚实基础。制作课件时应以实用简洁为原则，把内容与外在形式结合起来，方可制作出完美的课件，因此，本课件跳出固有的"教材式"课件模式，理顺各章节的内容，压缩文字部分篇幅，尽量使用大量精美图片、动画和视频来冲击学生视觉，做到"图、文、声"并茂。

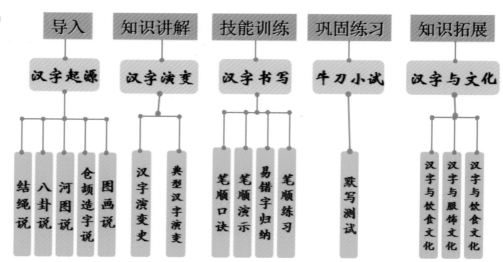

生 命 故 事

参赛届次： 第7届

参赛院校： 中国政法大学

作　者： 黎俊志　钟静瑶　于姣

指导教师： 王立梅　宗恒

获得奖项： 一等奖

作品简介

生命是自然给予人类去雕琢的宝石，其可珍可贵，无法用言语来形容。虽然在灾难与意外面前，生命也会表现出它脆弱的一面，可当这些故事上演时，人性的伟大、生命的光荣便可以从中丈量。我们无法忘记故事中的人们，故事中鲜活的生命，于是，便创作了这一系列以"生命故事"为主题的作品。通过真实记载这些感人的、震撼人心的生命故事，来传达我们对生命的赞美、热爱与崇敬的主题。本图亦实现了创意与现实的融合，从时间和空间两个维度对生命在突发情况之下的情形进行了巧妙展现，采用了手绘、PS、摄影、人体建模等技术，同时以统一画风表现出来，形象表现了生命的最本质的特色、生命中那些无法忘却的痕迹与情感波动。

作品效果图

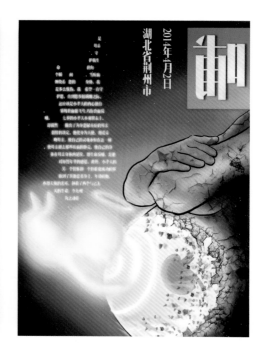

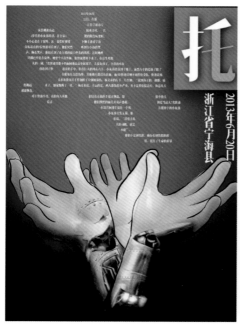

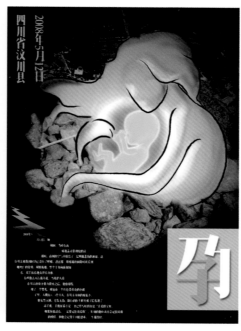

设计思路

一、主题设计

一花一世界，一树一菩提，世界存在于人的脑海，生命依托于人的记忆。每个人的生命是由发生在不同时空维度的故事随机组合，然后熠熠生辉。回首人类的生命历史，人类用了 2 000 个世纪的"弹指一挥间"，成了地球的主宰，但总有一个瞬间，文字、图片，凝固在故事发生的片段中，彰显出生命的某些特质。自西方文艺复兴以来，从拉斐尔《披纱巾的少女》中，我们看到自然的女性的身躯，美到极致的容颜，挣脱了宗教与神秘的面纱，世俗的生命、个体的价值才得到充分的赞美。我们创作的这一系列作品，亦旨在以艺术的手法来重现发生在普通人生命中的故事的某个瞬间，以及凝聚在这其中的人们的情感波动与生命的光荣。

生命中上演的故事千姿百态，亦有一些意外与灾难阴沉了生命的明媚，在突破那些阴霾重重之后，生命会点亮曾经的暗夜。于是，我们从近年发生的自然灾难、意外事故中选取了五个故事，分别创作了名为《哺——幼子情深，用生命反哺》、《等——众里寻它，等候生命回声》、《牵——绝处逢生，牵引生命索道》、

《托——千钧一发，托举生命希望》、《孕——母爱齐天，孕育生命奇迹》的五幅作品，讲述了自 2008 年 5 月 12 日汶川地震以来到 2014 年 4 月 2 日的小孝天捐肾救母的故事。期间还包括浙江省宁海县快递员用双手托举从五楼坠落的小孩的故事、河北省唐山市南湖公园中群众手牵手，营救落水青年的故事，以及今年牵动人心，至今没有结果的马航事件。

我们希望再现故事时能够表达一种生命的正能量与积极情绪的传播，以《牵——绝处逢生牵引生命索道》为例，图整体视角为从湖底仰望湖面冰窟，边缘轮廓的暗色调寓意为此时落水生命面临较为紧急的状况，而湖心的亮光则是代表了湖面上的群众手牵手，为落水青年带来生命的希望。整体画作在遵循平面设计规则同时，又有创新，内容上以写意表达现实，虚实结合；构图上注重空间纵深感，追求画面感染力，配色中注重对比色与渐变背景的使用。

综上，我们的主题，即通过再现这些在意外与灾难面前的生命故事，来展示生命的伟大、奇迹、希望与生命中流淌的各种情愫，来谱写一首关于生命的赞歌。

二、结构设计

两条线索交织，时空的结合，分设小主题进行升华

线索一：真实的生命故事

每幅图中都记录了一个真实发生的生命故事，它们串联而成一套作品。我们选择的故事都是不期而至，但是通过人类的意志，与在意外面前迸发的精神，生命的内涵得到彰显，进而突出生命的特质。比如小孝天的故事凸显对生命的感恩，马航事件凸显对生命的尊重等。

线索二：图文结合巧妙地来阐述故事的发生，以抽象的方法与思维来表达具象的事件。

本系列图的主要特征是图面意象与异形文字的融合。每个由异形文字构成的路径又同时作为平面图形的组成部分，这是图作者经充分构思的成果。此外，我们通过"托物言意"的方式，以一定的机理、肤质等来表达意象。

我们对每幅图都设计了小主题，从而对整个主题进行升华。

三、内容设计

1.《哺——幼子情深，用生命反哺》

七岁的小孝天本羽翼未丰，毅然做出了为母亲捐肾的决定。帮助母亲重返健康。这幅作品中反写的"哺"字之下是因疾病缠身而皮肤皲裂的母亲，母亲的皮肤上的裂纹是我们通过笔刷绘制而成，母亲的身体的曲线将图形分成两个对比部分。代表着小孝天的天使亲吻母亲之后，裂纹逐渐从母亲身体中褪去，我们参考固定物的裂变而设计了母亲肤质中裂纹由近及远的变化。整个图的背景采用从黄色到黑色的渐变，小天使及周边的光芒是整个图的聚焦点。

2.《等——众里寻它等候生命回声 _》

失联的马航370，239 个生命，牵动着我们的心，以"等"为题的图所表述的是一只断了线的风筝在浩瀚穹宇间飘舞，而茫茫云海之上呈现出飞机轮廓的银河则代表了失联的马航。"等"字与"筝"字的叠加，正是图中人儿等候断线风筝的蕴意，而等也是失联家属对马航不变的期盼。云海之上由异形文字组成的纸飞机飘向未知的终点，同样体现了我们对于马航中生命的祈盼，祈盼其找到回家的路。2014 年 3 月 8 日事情发生至今，马航仍然行驶在路上，我们亦未曾放弃救援与等待的希望。

3.《牵——绝处逢生牵引生命索道》

黑暗的深渊之中，冰冷的绝境之时，南湖公园的冰面上，年轻的生命岌岌可危，而一条由臂膀构筑的爱心生命索道通向另一条亟待援助的生命，让生命的希望沿着意志的肩膀上升。湖底圆形的气泡形文字，默默记录下这段众志援救的生命故事。坠入水中的人物剪影，代表了落水的大学生。本图采用向心式结构，视角为从湖底仰视湖面的冰窟，湖底气泡以及从湖面射向湖底的光线的明暗变化都体现出一种视觉空间感。"牵"字由拼色组合，浅蓝色巧妙地阐述了整个故事："人"在冰面的裂缝（缺了一个口的"一"）上连起一条生命的索道。

4.《托——千钧一发托举生命希望》

故事中，7 名快递员共同用手托

住一个从五楼掉下的小女孩，小女孩毫发无伤。图中，异形文字构成坠落的小孩，营造出一种坠落之际的紧迫感。"托"字中的"扌"，字的结构为"七"字上有一撇，正是七名快递员在危机时刻，托起幼弱生命的写照。人的身体中蕴藏着钢铁的意志，所以我们赋予手臂与手掌金属外壳的质感，同时由于事件中快递小哥受了伤，我们对手臂及掌心给予了一定裂痕效果。本图的亮点在于上下结构的平衡处理，简洁直观的构图设计。

　　5《孕——母爱齐天孕育生命奇迹》

　　这是一个关于母爱的生命故事，汶川地震中，天崩地裂之际，这位母亲被发现时已经没有呼吸，小孩子却在母亲用身体铸成的臂弯中安然入睡，拉伸变形的"孕"字正是图中母亲紧紧怀抱孩子的写照，上方白色的"乃"字对应母亲轮廓的颜色，"子"则对应母亲怀中婴儿的颜色，体现了母亲对孩子的重新孕育。地震后，暗色调的渐变背景下的乱石与建筑物废墟，与母亲身体内部的亮色调形成鲜明对比，突出母亲身体内部的安详与希望，文中的乱石也是我们的摄影成果。而异形文字则构成地面的裂缝。

灰黑白·失色的世界

参赛届次： 第 8 届
参赛院校： 华东师范大学
作　　者： 朱炎玮　徐毅鸿　纪焘
指导教师： 白玥　经雨珠
获得奖项： 一等奖

作品简介

　　本课件名为"灰黑白·失色的世界"。"灰"与"黑"代表着如今的污染现状，"白"是对于治理的期望。"失色的世界"既是我们所处的世界，也是我们需要通过实际努力来改变的事实。希望通过我们的交互式课件，以空气污染为专题整理，为中小学生竖立环保意识。

　　"空气"一章是中小学自然科学课程中都会有的章节，而对于空气污染的介绍则往往收录在拓展内容中，不做详细讲解。当代社会的环境污染问题日益严重，雾霾、肺癌、常年灰色的天空、空气污染在当下已经成为一个不得不解决的问题。我们小组成员认为，应当从小就为学生树立起这样的环保意识。既然是作为教学中的拓展部分，我们就以趣味课件的形式呈现，以PC和安卓两种界面，帮助学生随时随地的进行学习。

作品效果图

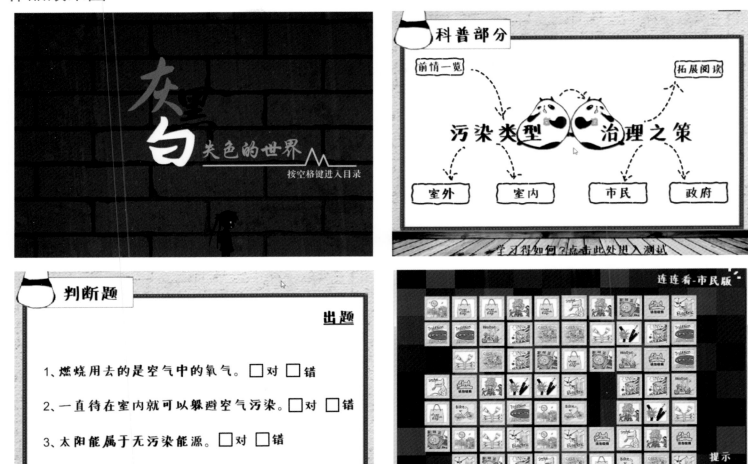

设计思路

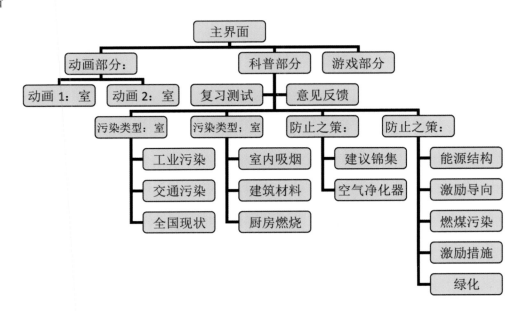

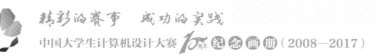
在教学设计方面，我们首先是以一个小动画来切入这样的现实问题，紧接着以代表"室内污染"和"室外污染"两个小动画来使观看者对于这两种类型的污染有一些初步的了解。以动画的形式来作为我们整个作品的开端，是希望以动态、趣味的效果来吸引观看者的兴趣。

紧接下来的科普部分是作为整个课件的主题呈现。正如在上一部分内容中所说的，我们在内容的分块上进行了一些设计，"室内"与"室外"的分类是为了让观看者不要在关注室外雾霾的同时忽略了自己身边的污染。"市民"与"政府"的分类也是希望可以明确责任，让大家知道每个人都可以为现状做出自己的贡献。科普部分的复习，我们精简了之前的所有文字内容，以最简单的替换方式，让观看者可以直观地了解到怎样才能防治空气污染。受众可以通过小测试来测试自己的学习结果，同时也可以在意见反馈部分反馈自己对于居住城市环境问题的意见和建议。

最后的游戏部分，结合之前的科普内容，在让观看者巩固自己所掌握知识的同时，寓教于乐。

中 国 病 人

参赛届次： 第8届

参赛院校： 武汉理工大学

作　　者： 贺思敏　祝梦颖　曹宇

指导教师： 粟丹倪　李宁

获得奖项： 一等奖

作品效果图

作品简介

动画故事讲述的是在大气环境恶化的时代与环境背景下，一个患有肺癌的病人在接受医院治疗期间，站在医院窗前看着窗外充满现代化的世界，陷入以自己回忆为基础的幻想，它荒诞而真实，反映出由于身处当前这个独具时代特色的环境中，国人表现出的病态，对现实形成一种讽刺。

但动画的立意不止于讽刺，在动画的后半部分，主人公的母亲出现，面对如今身患肺癌的孩子不禁痛心，但始终用笑脸和关怀来面对他，在亲情的激励下，主人公心境逐渐由绝望转为乐观豁达。

更可贵的是，这个因雾霾患上肺癌的病人，做了一件简单而又容易让人忽略其意义的小事——他种下了一棵小树，表现出高度的社会责任感，正是在这种灾难性的背景下，人性的光辉会越发的耀眼…

设计思路

2015 年大赛的主题是"空气"。自然而然的我们就想到了环保的主题了，因为近几年的雾霾问题很严重。雾霾形成的主要原因是工业废气、汽车尾气等，说起来提倡环保的广告和海报有很多，日常的小知识、空调度数调高一些、能不开车就不开车等人们都知道。但是在我们身边能去注意并实施的人太少，并且有人选择逃离，去环境更好的地方生活。我们想，环保意识的存在归根结底还是在于人心，并不是外界的高声呼吁影响你，而是自己愿意去保护自己的家园。

柴静的雾霾调查最开始的根本原因和信念是因为她的女儿，人的强大往往不是为了自己，而是为了家人甚至整个国家社会。由此我们定下了我们想通过空气传达给人们的是社会责任感。

以上就是剧本的主题来源。

我们最终决定以动画的形式表现，在动画中我们可以把情感和环境更自由化地展现出来，而手绘会使动画看起来更有质感。

时 光 相 机

参赛届次：第 9 届

参赛院校：北京大学

作　　者：谢菁　李雪妍　刘筠

指导教师：苏祺

获得奖项：一等奖

作品简介

　　视频作品立足于绿色世界的主题，讲述了一位女摄影师怀念青春岁月和曾经的绿色森林的故事。她带着自己珍爱了三十多年的相机，来到她年轻时曾最喜爱的森林，但是这里却早已变成一片废墟，她希望能用相机记录下废墟肃穆凄楚的美。但是，当她举起相机，取景框里出现的竟是一片深深浅浅的绿色。放下相机，眼前的却仍旧是那破败不堪的废墟。借着相机之眼，她犹豫着接近那抹生机盎然的绿意，用自己的手去感受那象征着生命的大树。她甚至真真切切地亲手在落下的绿叶上写下字。然而，不知从何而起的一阵风吹过，却带走了这如梦如幻的绿色世界，留下的只有这片荒芜的废墟。而她，也只得从这三十年前的梦境中醒来。

设计思路

　　参赛作品立足于本次限定的主题绿色世界出发的。我们采用比较文艺的无台词短片的形式表现绿色、生命的珍贵，和如果我们不树立环保意识，爱护环境，将造就的无法挽回的后果。全片不单表现了绿色世界的珍贵和美好，还表现了年轻时光的一去不复返。

　　参赛作品是无台词文艺短片，因为没有台词，所以难点就在于如何运用镜头语言和配乐在短短的五分钟内表现故事的展开和高潮以及我们想要传达的故事理念。

作品效果图

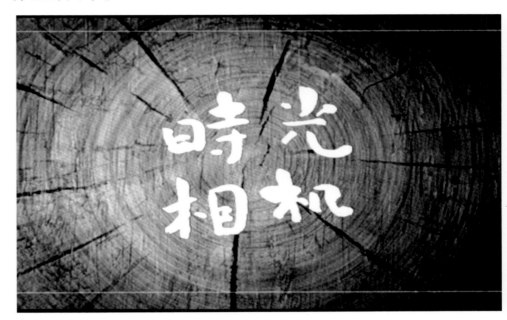

老绍兴 醉方言

参赛届次：第 9 届
参赛院校：德州学院
作　　者：平力俊　杨敏红　王冰
指导教师：王荣燕　董文娜
获得奖项：一等奖

作品简介

　　方言是重要的文化遗产，本着彰显地方语言文化，促进语言文化交流的目的，我们对课件进行了设计，以微课的形式来介绍绍兴方言。作品简洁明了、通俗易懂、生动形象、富有趣味。结合方言使用的实际情况，对作品内容进行了选择和编排，并将其分为三个板块：语音篇、语法篇、实践篇。由于语法在使用上具有复杂、灵活、多样的特点，作品中重点介绍了语法篇，层次分明、深入浅出。同时将文字、图片、音乐相结合，使用色彩鲜艳明丽的背景，便于学习和记忆，达到寓教于乐的效果。

作品效果图

设计思路

　　区别于普通话，方言作为一种具有鲜明地域特色的语言，在不同地区的使用中有着明显差异。若是要了解、学习其他地区的方言，还是较为困难的。一是方言和普通话的发音、语法不同，二是没有身处方言交流的环境。加之普通话的普及，方言在年轻人中已经变得较少使用。所以结合上述情况，我们制作了课件来介绍绍兴方言。此课件面向有一定语言基础并对绍兴方言的学习具有兴趣的群体。

浊·污·浑

参赛届次：第9届

参赛院校：广州大学华软软件学院

作　　者：何紫盈

指导教师：杜凯

获得奖项：一等奖

作品简介

　　以围棋为灵感，白子分别是江、河、洋，黑子分别是浊、污、浑，在作品中，白子完全被黑子包围，表明现在人类活动中不断产生了大量的废水，江河、海洋不断被这些废水污染。如果人类不珍惜水资源，那么江河、海洋就会受到污染，一步步被污水、浊水、浑水所吞噬，体现出围棋游戏规则，意味着人类再不好好善待自然，珍惜水资源，将来必会尝到自己所种下的恶果。

作品效果图

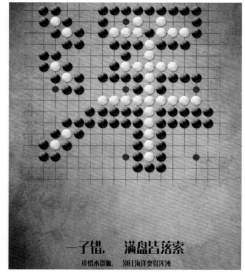

设计思路

　　原先是想到利用电脑上的扫雷游戏为题材的，人类污染一旦出现了，就等于为自己埋下了一个炸弹，考虑到制作的问题，最终确定了以围棋为元素，围棋中的一句话"一子错，满盘皆落索"也非常适合污染这个主题。一旦人类走上了污染的道路，就感觉整个世界已经在发生了改变，空气变得浑浊，清澈的水变得恶臭，还有白色污染等，最终确定水污染作为表达主旨，利用江河洋来表达水，浊污浑表达水污染的后果，围棋的盘子经过加工也变得斑驳，再加上比较深沉的底色，各种元素加在一起，我觉得给人的感受是震撼的，目的是通过环保的公益广告减轻人类对地球的污染。

　　在这组设计当中的重点应该就是题材，最后确定以水污染为题材，找出了三个有代表性的字，分别是江、河、洋，在用围棋的白字黑子摆字时也遇到诸多问题，例如字的大小，构图是否合适，并且还需要分别用黑子白子摆出不一样的两个字，既要做到简单易懂，也要体现出围棋的游戏规则。

前世今生子冈玉

参赛届次： 第9届
参赛院校： 厦门理工学院
作　　者： 王尧永　李鑫雨
指导教师： 刘景福
获得奖项： 一等奖

作品效果图

作品简介

清巳是现代一名手工治玉师，因整日和机器一起作业，疲劳之际就与朋友去古城游玩。却在无意中进入了一间名为"前世今生"的店铺，并在此间邂逅了明代的治玉圣手陆子冈和他的恋人，而陆的恋人正是清巳的前世。在前世的引导下，清巳目睹了陆子冈为手工治玉技术能得以传承而做的坚持与抗争。在此期间清巳一度被前世点破，如果没有传家的那块子冈牌，仅凭机器和没有独立思想的"匠人"是无法治出绝世的玉器的，如果想要得到陆子冈亲自授技，而传承的道路困难重重，是否真的能不忘初心地坚持下去？清巳在精神濒临崩溃中做出了毅然的选择，却在大梦初醒间，遇到了落魄的陆子冈……

设计思路

治玉技艺作为中华民族的艺术瑰宝在当代却几近失传，于是我们想拍一个有关手工治玉技艺、手工治玉技艺传承问题（现代手工治玉基本被机器取代）的微电影。

之所以选择陆子冈作代表治玉技艺的人，是因为他是第一个讲究知识产权的人，拥有高超的技艺，却没有传承下来，技艺断代，可以以小见大，通过一个人身上的冲突来纵观整个治玉技艺的命运。还因为他潇洒不羁的个性，高超的技艺，曲折的经历；个性突出，才华横溢而且有故事，用这样的人来代表治玉技艺，故事才会精彩。

故事方面，我们选取陆子冈"落款御贡"的事件作为主线，以女主人公清巳与自己的"前世"相遇的一次离奇经历、与陆子冈的"恋爱"为线索，从古今两个大角度，多个角色的小角度讲述治玉技艺的命运，使故事中的矛盾冲突更多，涵盖的内容更为全面。

突出强调真正有艺术光彩的技艺是需要用"心"去学习的，科学技术再怎么发达也无法代替人心的创造力与感染力。以此来升华主题，映射了当今社会上传统技艺不断因科技的发达而流失的情况，希望以此呼吁人们更多地去关注传统技艺。

面向移动智能设备的 Web 篮球战术板

参赛届次： 第 10 届
参赛院校： 沈阳工业大学
作　　者： 刘昕禹　周才人　王琛
指导教师： 邵中　牛连强
获得奖项： 一等奖

作品简介

　　本作品是一款服务于篮球教学训练和临场指挥的电子战术板软件，可替代传统白板，成为专业队或业余爱好者进行篮球战术设计、推演、分析和交流分享的辅助工具。使用者仅需通过点击、拖动等简单操作即可快速完成多种比赛模式下的战术设计和动画演示。战术方案可离线存储为设备本地的图像文件，亦可上传至服务器并分享给指定群组的其他成员。作品以自主研发的 HTML5 路径动画引擎为内核，基于浏览器运行，具备跨平台性，在计算机及各类移动智能设备上均可使用。设计中采用比例坐标系统和响应式 Web 技术，能够自动适应不同设备屏幕分辨率并提供良好的操作体验。目前本作品已在多家用户单位实际使用并收获好评，具有显著的应用价值和推广前景。

作品效果图

1. 软件界面效果

2. 比赛模式的选择

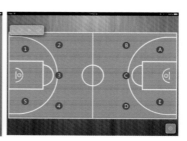

3. 战术设计与回放

4. 战术存储

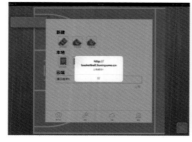

5. 群组共享

6. 群组管理

7. 不同设备分辨率的自适应展现

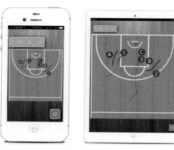

设计思路

本作品在物理结构上分为服务器端和本地应用端两部分。服务器端以 PHP 语言实现用户注册、群组管理、战术分享及联机战术存储等功能。本地应用端基于 HTML 5 API 和 JavaScript 语言开发，内部又分为应用层、动画引擎、存储处理器和图形元素库四部分。

应用层用于提供软件界面并响应用户操作，同时负责将界面交互事件和用于绘制场景的 Canvas 对象注册给动画引擎。

动画引擎由驱动器、渲染器和日志队列构成。驱动器提供界面事件的委托方法实体，负责根据用户操作拾取图形元素并产生对应动画指令；渲染器根据动画指令完成对 Canvas 对象的重绘；日志队列首先对动画指令进行比例坐标变换，此后将其转换为 Json 文本格式并缓存到队列中。

存储处理器负责与动画引擎中的日志队列交互，依据不同存储要求分别调度联机处理单元或离线处理单元。联机处理利用 Ajax 通信机制将 Json 指令集传送到服务器端保存；离线处理单元则通过 Base64 编码处理和颜色映射算法将 Json 指令集转换成图像文件并保存在设备本地。

图形元素库负责提供各种基本图形对象，如队员、篮球等。所有图形对象均实现 IGraphElement 接口规约，按一定方式被动画引擎中的渲染器调用。

下图给出了 Web 篮球战术板设计方案的简要表示。该方案层次清晰，便于扩展，仅需对应用层和图形元素库进行少量调整扩充即可快速满足其他运动项目的使用需求。

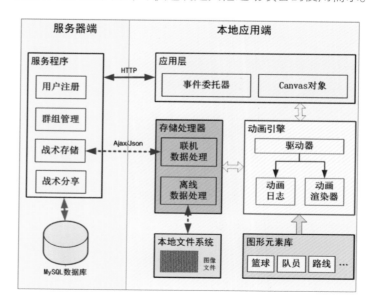

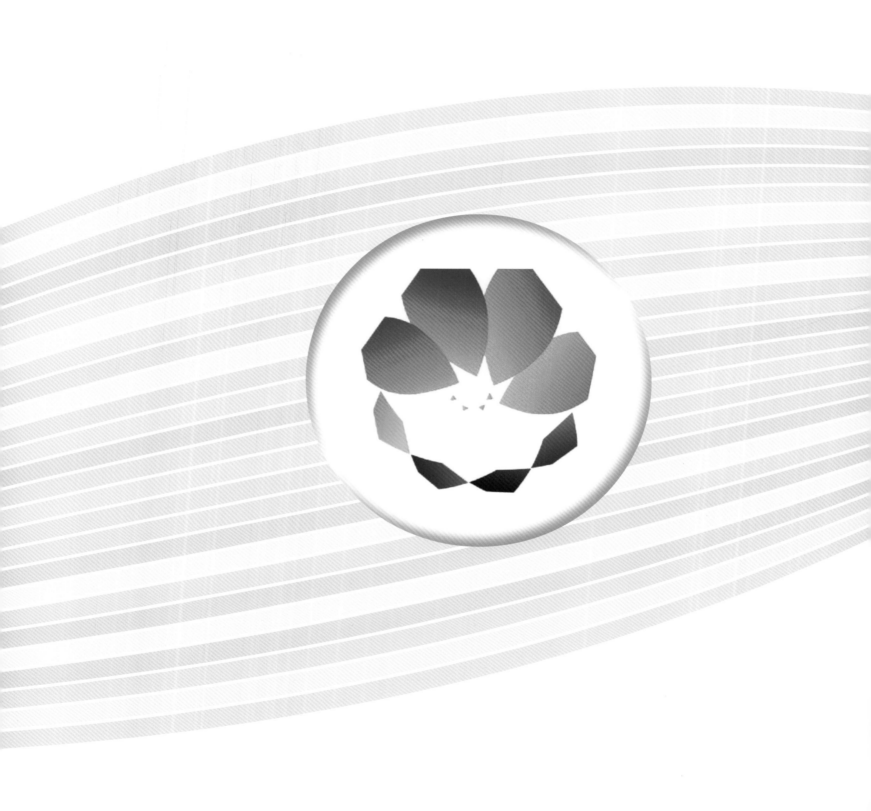

05

表彰先进　以拓奇路

已然嫩芽成劲松，
于无声处建奇功。
默默园丁岂名利？
细雨蒙蒙入树丛。

国赛十年·国赛优秀组织奖

根据大赛相关文件，每年都向积极组织学生参赛且获得优秀成绩以及组织国赛或承办国赛的优秀院校颁发优秀组织奖。为感谢及鼓励更多院校，特向 2008-2017 年累计获得"优秀组织奖"5 次及以上的院校共 12 所颁发本奖项。

	中国人民大学		北京大学		华中师范大学
	武汉理工大学		北京语言大学		东北大学
	广西师范大学		深圳大学		沈阳师范大学
	辽宁工业大学		西安电子科技大学		浙江传媒学院

国赛十年·省级赛优秀组织奖

根据 2008—2017 年的大赛数据，向获奖总数在 300 件及以上的共 11 个省、自治区、直辖市省级赛组委会颁发本奖项。

（1）中国大学生计算机设计大赛辽宁省组委员会。
（2）中国大学生计算机设计大赛中南地区赛组织委员会（湖北）。
（3）中国大学生计算机设计大赛安徽省级赛组织委员会。
（4）江苏省大学生计算机设计大赛组织委员会。
（5）上海市大学生计算机应用能力大赛组委会。
（6）中国大学生计算机设计大赛北京市级赛组织委员会。
（7）广东省大学生计算机设计大赛组织委员会。
（8）中国大学生计算机设计大赛四川省级赛组织委员会。
（9）中国大学生计算机设计大赛浙江省级赛组织委员会。
（10）中国大学生计算机设计大赛云南省区组织委员会。
（11）中国大学生计算机设计大赛西北地区赛组织委员会（陕西）。

国赛十年·院校优秀组织奖

根据 2008—2017 年的大赛数据，按获得一等奖、二等奖的数量加权排序，前 20 所的院校获得本奖项。

1	东北大学	2	辽宁工业大学
3	武汉理工大学	4	华侨大学
5	华中科技大学	6	深圳大学
7	华中师范大学	8	中南民族大学
9	德州学院	10	安徽大学
11	杭州师范大学	12	东南大学
13	沈阳师范大学	14	浙江传媒学院
15	广西师范大学	16	西安电子科技大学
17	西北大学	18	北京科技大学
19	同济大学	20	江西师范大学

国赛十年·特别贡献奖

大赛的成功离不开大家的支持，特颁奖项，表达大赛特别感谢！

周远清（教育部原副部长）

周远清

周远清，男，1939 年出生，曾任清华大学副校长，国家教育部副部长，全国政协委员，中国高等教育学会会长，国务院学位委员会第三、四届委员会副主任委员，国务院学位委员会第五届委员会委员，中华职业教育社副理事长。现任中国大学生计算机设计大赛荣誉会长，多次亲自参加大赛相关活动，成为推动大赛重要力量。1981 年作为访问学者在日本大阪大学深造"人工智能"，学成回国后，任清华大学"智能技术与系统"国家重点实验室主任，撰写《智能机器人》一书；1992 年调国家教委任高教司司长，不久后任国家教委专职委员；1995 年底任国家教委副主任；1998 年国家教委改为教育部后，改任教育部副部长、部党组成员，分管高等教育工作；2000 年 11 月当选为中国高等教育学会会长。

张小夫（中央音乐学院）

张小夫

张小夫，男，作曲家，现任中央音乐学院教授、博士生导师，中国音乐家协会电子音乐学会会长，国际电子音乐联合会艺术顾问、中国分会主席，北京国际电子音乐节艺术总监，北京国际电子音乐作曲比赛组委会主席，全国高等学校计算机基础教育研究会音乐专业分委员会主任等职务。音乐创作涵盖多种混合媒体的电子音乐、交响音乐、声乐和民乐，以及戏剧、舞蹈、影视音乐等艺术类型。其主要作品在中国、美国、法国等世界各地 40 多个国家、地区演出，多次在国内外举办个人作品专场音乐会，荣获众多国际作曲比赛中奖项，包括中国文化部颁发的文华音乐创作大奖、国家艺术基金－大型舞台艺术作品资助等国家级奖项，出版 4 张音乐作品专辑 CD 和 DVD。为中国大学生计算机设计大赛电子音乐赛做出卓越贡献。

郑世珏（华中师范大学）

郑世珏

郑世珏，男，工学博士，教授，硕/博士生导师。曾任教育部高等学校文科类、理工类计算机基础课程教学指导分委员会委员。曾任华中师范大学计算中心主任、计算机学院副院长、湖北省高等学校计算机基础教学实验示范中心主任。现任华中师范大学"挑战杯"大学生课外学术科技作品竞赛"特聘教师"。2007年与其他委员一道，成为首次提出举办我国大学生设计大赛的委员之一，历任"2008年（首届）中国大学生（文科）计算机设计大赛"（2012至今改为"中国大学生计算机设计大赛"）的竞赛委员会委员。在教育部多个相关教指委的大力支持和兄弟院校的同仁协助下，多次担任过承办单位大赛竞赛委员会秘书长，并在华中师范大学成功举办了第1届、第2届、第3届、第5届"中国大学生计算机设计大赛"，为大赛的后期顺利进行，探索了方向、摸索了经验，受到各方好评。主持过多项国家级、省部级项目并获奖，发表了论文90余篇；14项软件著作专利权的所有者；11部著作和教材。

杨小平（中国人民大学）

杨小平

杨小平，男，1956年出生，曾主持多个自动控制系统项目的研究开发；1988年调中国人民大学信息学院任教，主要教授"信息系统分析与设计"（本科）、"软件工程与方法"（硕士）课程；历任信息系统工程教研室副主任、主任等职，曾任信息学院副院长。社会兼职主要有：教育部高等学校文科计算机基础教学指导委员会委员，中国计算机用户协会理事、信息系统分会副理事长，北京系统工程学会副理事长，秘书长，全国高等院校计算机基础教育研究会副会长。主要科研方向为信息系统工程、电子政务、网络安全技术等。

吕英华（东北师范大学人文学院）

吕英华

吕英华，男，1962年出生，博士，教授，博士生导师，现任东北师范大学人文学院校长。1984年毕业于吉林大学计算机专业，同年到东北师范大学任教。1987年作为中国政府派遣的第六批赴日本国留学生到日本宇都宫大学留学。1995年–2009年任东北师范大学计算机学院院长，2008年–2016年任东北师范大学校长助理。2008年任东北师范大学人文学院校长。

2001年–2005年被聘为教育部高等学校计算机科学与技术教学指导委员会非计算机专业计算机基础课程教学指导分委员会委员，2002年–2006年被聘为教育部高等学校文科计算机基础教学指导委员会委员，2007年–2012年被聘为教育部高等学校文科计算机基础教学指导委员会副主任委员，2013年–2017年被聘为教育部高等学校文科计算机基础教学指导分委员会副主任委员。

现任吉林省高等学校计算机教育研究会理事长、全国高等院校计算机基础教育研究会副会长、吉林省高校计算机学会副理事长、全国计算机学会高级会员、吉林省计算机教学指导委员会副主任委员。

曾担任中国大学生计算机设计大赛第1届至第4届（2007年–2011年）大赛秘书长、第5届至第7届（2012年–2014年）大赛副秘书长，是大赛的发起人之一。

顾群业（山东工艺美术学院）

顾群业

顾群业，男，教授、设计师、艺术家。现任山东工艺美术学院数字艺术与传媒学院院长。享受国务院政府特殊津贴的专家，教育部高等学校文科计算机基础教学指导委员会委员，中华国际科学交流基金会科学与艺术委员会委员，HCI–DUDU中国副主席，中国摄影家协会教育委员会委员，中国舞台美术学会新媒体艺术专业委员会委员等。连续多年担任国赛评审工作，自2013年第七届大赛开始筹备了山东赛区组委会，并积极推动了山东省教育厅主办，山东工艺美术学院承办了第7届、第8届山东赛区的大赛组织工作，并在之后两年继续承办了第九届和第十届山东省赛区的比赛。为中国大学生计算机设计大赛设计了大赛标志，为大赛制作了奖状证书、T恤衫、奖牌、宣传册、海报模版等全套大赛用的版式设计。并为全国赛先后推荐了几十人次的评委，积极支持大赛的各项工作。

国赛十年·卓越指导教师奖

　　根据 2008-2017 年的大赛数据，按指导学生获得一等奖、二等奖的数量之和排序，前 5 名的指导教师获得本奖项。

霍楷（东北大学）

一等奖	二等奖
21	24

霍楷

　　霍楷，男，东北大学艺术学院副教授，硕士研究生导师，中国教育部·日本电通高级广告人才培育基金项目研究员，现任国际平面设计协会 (ico-D) 会员，秘鲁国际海报展国际评委，秘鲁 & 中国海报展策展人，意大利 A' 设计奖与竞赛评委，中国包装联合会设计委员会常委，首都企业形象研究会 (CCII) 全权会员，中国包装创意设计大赛领衔评委、副主任，亚洲平面设计三年展中国区召集人，国际商业美术设计师协会高级设计师，《中国设计年鉴》编委；获中国设计百家——百名杰出青年设计人才，中国设计 30 年先锋人物奖，中国平面设计教育奖，CDC 中国设计师等。作品入选美国纽约国际设计展、美国 WLU 国际设计展、美国科罗拉多全球海报双年展、乌克兰国际生态海报三年展、德国莱比锡国际海报展、伊朗觉醒世界奖、意大利 50*70 国际海报展、意大利 A' 设计奖、意大利中意青年艺术家联展、"米兰设计周"东方设计单元展、威尼斯国际平面设计竞赛、俄罗斯商标标志设计双年奖、日本国际平面设计竞赛、韩国国际数码设计展、韩国 A9 国际海报展、韩国亚洲平面设计三年展、韩国中韩设计协会展、韩国产业美术家协会国际工艺设计展、大邱国际海报展、秘鲁国际海报展、中国台湾国际海报展、澳门回归十周年海报展、北京国际设计周、上海·亚洲平面设计三年展、大连国际平面设计双年展、温州国际设计双年展等，作品获国内外设计奖项超过 600 项，指导学生获国内外设计奖项超过 1000 项，其中指导学生获中国大学生计算机设计大赛全国一等奖 21 项，获全国大学生广告艺术大赛全国一等奖，发表论文 60 余篇，出版著作 16 部。

陈伟（东南大学）

一等奖	二等奖
10	22

陈伟

　　陈伟，男，1979 年 4 月出生，东南大学计算机应用技术专业工程师。作为计算机设计大赛指导教师，共指导学生作品获一等奖 10 项、二等奖 22 项、三等奖及优秀奖若干。结合多年的指导经验，总结形成了自己的一套指导方法。结合指导方法，在学生的完成作品设计过程中坚持以"导"为"指"向，突出重点（立意重点和设计重点），整合思维（系统思维和创新思维），鼓励三创（创意、创新和创作，简称 ICC）。

李隐峰

李隐峰（西安电子科技大学）

一等奖	二等奖
7	16

　　李隐峰，男，1974年9月出生，西安电子科技大学电子工程学院副教授，研究生导师，微软认证系统工程师MCSE，全国信息化管理师，国家职业技能裁判，主要从事互联网技术教学、研究与应用。主持建设了西安电子科技大学多个网络信息系统，指导学生开发了西电导航系列创新应用系统。积极支持学生参加各类科技竞赛活动，从2012年起连续6年指导学生参加中国大学生计算机设计大赛，获得7项全国一等奖，16项全国二等奖。

郑奋（第二军医大学）

一等奖	二等奖
8	14

郑奋

　　郑奋，男，1976年7月出生，海军军医大学（第二军医大学）计算机教研室主任、讲师。从事计算机教学多年，擅长数据库、Web、移动应用程序设计、3D虚拟现实等技术。2013年起共指导27组学生参加中国大学生计算机设计大赛，全部获奖，参赛类别几乎涵盖了大赛所有类别。获一等奖8项（Web组别2项，数据库、移动应用开发、虚拟实验、课件、普通媒体、民族元素组别各1项），二等奖14项。获优秀组织奖2次。

王朝霞（华中科技大学）

一等奖	二等奖
6	16

王朝霞

　　王朝霞，女，任教于华中科技大学建筑与城市规划学院。1995年毕业于湖北美术学院装潢设计本科专业，2000年获武汉理工大学文学硕士学位。2017年赴美国密苏里大学访学。从事教学工作20余年，专注于平面设计及数码艺术设计领域的设计理论与实践研究。

国赛十年·优秀指导教师奖

大赛的规模和质量离不开的指导教师的辛勤工作。根据2008-2017年的大赛数据，按指导学生获得一等奖、二等奖和三等奖的数量之和排序，前52名的指导教师获得本奖项。

注：1. 由于联系不上等原因，部分获奖教师的资料未能登载在本画册。

2. 卓越指导教师奖和优秀指导教师奖不重复获奖。

褚治广

褚治广（辽宁工业大学）

一等奖	二等奖	三等奖
2	17	36

褚治广，男，汉族，1980年5月出生，计算机应用技术专业高级实验师，现就职于辽宁工业大学计算中心，曾就职于交通银行、维森信息有限公司等，2012年入职辽宁工业大学并组建逸凡大学生创新团队，任负责人至今，主要负责大学生创新创业辅导孵化工作，指导逸凡物联团队成功入住国家级众创空间，成功孵化大学生企业2个，指导完成学生论文4篇，专利著作权30余项。计算机设计竞赛对大学生创新创业有着深厚影响，其团队2012年起就一直参与，团队累计获得国家级奖项70余项，省级奖项100余项，褚志广本人获得国家一等奖2项，二、三等奖50余项，省级奖项100余项。

孙纳新

孙纳新（武警后勤学院）

一等奖	二等奖	三等奖
2	17	13

孙纳新，女，1968年10月出生，武警后勤学院基础部信息技术教研室教授，从事信息技术专业工作，自2014年起负责武警后勤学院全国大学生计算机设计大赛组织与指导工作，4年来指导学员数百名，指导作品涉及软件应用与开发类、微课与教学辅助类、数字媒体设计类普通组，数字媒体设计类动漫游戏创意设计组，数字媒体设计类中华优秀传统文化元素微电影组，以及数字媒体设计类中华民族文化元素组等各方面，带领学员获得天津赛区一等奖15项、二等奖18项、三等奖24项，获得全国计算机大赛一等奖2项、二等奖17项、三等奖13项，两次获得大赛组委会颁发的优秀组织奖。

周虎

周虎（湖南大学）

一等奖	二等奖	三等奖
7	11	13

周虎，男，1969 年出生。湖南大学信息科学与工程学院讲师，研究生毕业于美国纽约理工学院信息管理专业，硕士学位。自 2013 年开始连续三年培训与指导湖南大学学生参加 "中国大学生计算机设计大赛"，作为指导老师，2013 年度获得国赛一等奖 2 项，二等奖 2 项，2014 年度，指导学生获得国赛一等奖 1 项，二等奖 6 项，2015 年度指导学生获得中南赛区一等奖 8 项，国赛一等奖 7 项，二等奖 11 项，为该年度第一指导老师中获一等奖最多老师，同时获得湖南大学组织奖一项。三年参赛中，所有一等奖均作为特色作品入选现场展示点评示范。

温雅

温雅（西北大学）

一等奖	二等奖	三等奖
7	9	11

温雅，女，1979 年 6 月生于陕西西安，讲师，西北大学艺术学院实践实验教学中心主任，从事动画与数字媒体教学工作。2008 年参加了首届大赛，自 2013 年起持续参加大赛。指导学生获全国一等奖 7 个、二等奖 9 个、三等奖 11 个，省级赛一等奖 25 个、二等奖 12 个、三等奖 3 个。现为全国高等院校计算机基础教育研究会文科专业委员会、数字创意专业委员会副秘书长，ASIFA-CHINA 会员、陕西省工艺美术学会副秘书长、陕西省动漫游戏行业协会专家委员会委员、西安增强现实与虚拟现实产业技术创新战略联盟副秘书长。

王守金

王守金（沈阳建筑大学）

一等奖	二等奖	三等奖
1	3	23

王守金，男，1978 年 2 月出生，工作于沈阳建筑大学，计算机科学与技术专业，副教授，硕士生导师。近年来主持参与多项国家及省部级科研课题并获省市科技进步奖；参加国家及辽宁省教育软件大赛中多次获奖；指导学生参加中国大学生计算机设计大赛获奖数量在全国位列第十，在省级赛中指导学生获奖数量在辽宁省列前三，连续五年获 "优秀指导教师" 称号；在全国信息技术大赛中获 "最佳创业指导教师" 称号；在辽宁省移动应用开发大赛、新媒体设计大赛中获 "优秀指导教师" 称号；多次获沈阳建筑大学 "优秀教师" "先进工作者" 等荣誉称号。

杨依依

杨依依（武警后勤学院）

一等奖	二等奖	三等奖
2	12	11

杨依依，女，1988年6月出生，研究生毕业于南方医科大学生物医学工程专业。2014年2月参加工作，现担任计算机教师，在武警后勤学院基础部信息技术教研室从事教学管理工作。2014—2017年连续四年指导学生参加全国大学生计算机设计大赛，获奖项数件。

岳山

岳山（安徽大学）

一等奖	二等奖	三等奖
2	11	12

岳山，男，讲师，硕士，1971年1月出生，山东威海文登人。安徽大学新闻传播学院网络与新媒体专业教师；安徽大学国家级（传媒类）新闻传播实验教学中心副主任；研究方向：中国近代报刊、网络传播、新媒体科技与文化传播、实验室管理与建设。主持参与省部级社科项目多项。发布学术论文多篇，出版教材4部。带领学生参加中国大学生计算机设计比赛7届，作为指导老师获2个一等奖，11项二等奖。

李岩

李岩（中华女子学院）

一等奖	二等奖	三等奖
3	9	12

李岩，男，1980年12月出生。工作单位是中华女子学院，任计算机科学与技术专业教师，讲师职称，近年来指导学生参加比赛，获一等奖3个，二等奖9个，三等奖多个。荣获2013—2015年度优秀教师荣誉称号，2015—2016年度师德先进个人称号，2017年中国设计红星奖，2017北京非物质文化遗产时尚创意设计大赛优秀奖等多项大奖。

253

孙亮

孙亮（安徽师范大学）

一等奖	二等奖	三等奖
1	8	15

孙亮，男，副教授，硕士研究生导师，安徽师范大学新闻与传播学院动画系主任，安徽师范大学皖江学院视觉艺术系副主任。主要研究方向为动画与数字媒体艺术的理论与创作。作品先后入选十二届全国美展、法国安纳西动画节、安徽省美术大展等专业展览，获安徽省动漫大赛金奖、"中国影视'学院奖'"二等奖等 20 多个奖项；指导学生在中国大学生原创动漫大赛、中国大学生计算机设计大赛等赛事获全国一等奖等国家级、省级专业赛事 300 多项。

乔希

乔希（中华女子学院）

一等奖	二等奖	三等奖
2	9	12

乔希，男，1985 年 11 月出生，工作于中华女子学院计算机系数字媒体技术教研室，助教。指导学生参加大学生计算机设计大赛获得一等奖 2 次（《处世自然》2016 年数字媒体专业组一等奖、《童趣》2017 年数字媒体普通组一等奖），二、三等奖若干次，先后带队参加 4 届全国比赛。

李晓梅

李晓梅（怀化学院）

一等奖	二等奖	三等奖
2	8	12

李晓梅，女，1979 年 10 月出生，工作于怀化学院，计算机科学与技术专业，讲师。2012—2016 年作为第一和第二指导教师，指导学生参加中国大学生计算机设计大赛，先后获得全国决赛一等奖 2 项，二等奖 8 项，三等奖 12 项。

王铉（中国传媒大学）

一等奖	二等奖	三等奖
8	11	2

王铉

王铉，女，1974 年 2 月出生，工作于中国传媒大学电子音乐作曲专业，副教授，中央音乐学院电子音乐作曲博士，中国电子音乐学会理事、新闻出版广电总局出版物进口审查专家，中国传媒大学音乐与录音艺术学院院长助理兼音乐系主任。先后参与多项省部级科研项目并在国家核心期刊发表学术论文十余篇，并参与每年《国家音乐产业发展报告》调查撰写工作。个人专辑《落入凡间的精灵》由人民音乐音像出版社出版，个人专著《互动音乐——艺术与技术的交互》由重庆大学出版社出版。多部电子音乐作品在国内及法国、美国、波兰、德国等国际电子音乐节上演出，并入围国际电子音乐作曲比赛决赛及获得北京国际电子音乐节电子音乐作曲比赛各组别一、二等奖；论文曾获得全国数码艺术理论最佳论文奖及多次获得北京国际电子音乐节电子音乐论文二等奖。长期担任国内专业电子音乐作曲比赛评委。

彭淑娟（华侨大学）

一等奖	二等奖	三等奖
5	10	6

彭淑娟

彭淑娟，女，1982 年 10 月出生，工学博士，副教授，硕士生导师，系统分析师（高级），华侨大学计算机科学与技术学院数字媒体系教师。研究方向：计算机动画、运动捕获、三维人体运动分析与识别、图形图像。近年，指导学生在中国大学生计算机设计大赛中获得一等奖 5 项、二等奖 10 项、三等奖 6 项。

李昕（辽宁工业大学）

一等奖	二等奖	三等奖
2	9	10

李昕，男，1966 年 10 月出生，1997 年获工学硕士学位，2006 年被评为辽宁省优秀青年骨干教师。2010 年获得博士学位。2006 年晋升教授职称。现任辽宁工业大学计算中心主任。多年来一直从事信息检索与数据分析方面的研究及其教学工作。分别在《小型微型计算机》《扬州大学学报》和《国际 EI 源刊》发表各类科研论文 20 余篇，在高等教育出版社、电子工业出版社出版教材等著作 5 部，2013 年获得省自然基金项目"电子商务 Web 数据库不精确查询关键技术的研究"；先后获得辽宁省科技进步三等奖和锦州市科技进步一等奖等奖励。2012 年，发起创建了计算机应用创新团队，利用计算中心创新实验室的创新平台，致力于学生创新能力和创新精神的培养工作，计算机设计竞赛获国家级奖励多项。

李昕

吴泽志

吴泽志（安徽医科大学）

一等奖	二等奖	三等奖
—	7	14

吴泽志，男，1966 年 1 月出生，工作于安徽医科大学，计算机软件与理论专业，副教授。2015（第 8 届）至 2017（第 10 届）中国大学生计算机设计大赛，安徽医科大学负责人、领队、指导教师。指导的学生获得国家级二等奖 7 项、三等奖 14 项。2016 年和 2017 年安徽省职业院校技能大赛电子商务技能项目裁判长。近两年，指导的学生参加"安徽省百所高校百万大学生科普创新创意大赛"，获得二等奖 1 项、三等奖 1 项。曾获"安徽省科学与技术一等奖"。

胡世清

胡世清（深圳大学）

一等奖	二等奖	三等奖
4	12	4

胡世清，男，1963 年 3 月出生，在深圳大学师范学院教育信息技术系任职，专业方向为教育技术学、教授。自 2012 年起，作为系主任组织教育技术学专业学生参加中国大学生计算机设计大赛，2014 年开始作为学校竞赛负责人组织全校各专业学生参加大赛，至 2017 年组织参加 6 届大赛，竞赛指导方面成绩：独立指导学生获一等奖 1 项，联合指导学生获一等奖 4 项、二等奖 12 项、三等奖 4 项。大赛组织方面的成绩：2014—2017 年四获优秀组织奖，2015 年组织本校获国赛一等奖 4 项，2017 年组织本校获国赛一等奖 6 项。

张红梅

张红梅（中国人民解放军空军工程大学）

一等奖	二等奖	三等奖
2	10	8

张红梅，女，1970 年 11 月出生，山西临猗县人，空军工程大学装备质量与无人机工程学院教授，计算机应用技术专业硕士生导师，陕西省计算机教育协会理事，空军高层次人才，军队院校育才奖银奖获得者，荣立三等功一次。多年来，从事多学科交叉研究工作。主持并参与了多项科研任务，发表学术论文 50 余篇，出版并参编教材三部，指导学生参加各类计算机类竞赛，获得全国一等奖 7 项，二等奖 15 项，三等奖 45 项。

朱艺华（广西师范大学）

一等奖	二等奖	三等奖
1	9	10

朱艺华

　　朱艺华，女，广西师范大学副教授，连续指导大学生参与中国大学生计算机设计大赛 8 年，获本赛事课件类、影像类、民族文化类等各种类别的一等奖 1 项、二等奖 9 项、三等奖 10 项。获优秀组织奖一项。研究方向为影像艺术、民族美术、美术与科学的课程整合、大学生创造力培养。爱好多媒体文化作品创编、民族文化。近五年来获全国课件大赛二等奖 1 项，市文广局影视大赛金奖 1 项。参与省部级、地厅级课题 11 项。获自治区级教学成果奖 1 项，多次获校级教学成果奖、教学实践成果奖，校级优秀教师。发表论文 20 余篇，指导学生创新创业方面：带领大学生团队获创新创业类大赛"全国前十强" 1 项、国家级大创项目立项 1 项、自治区级大创项目立项 3 项。

刘耘（辽宁工业大学）

一等奖	二等奖	三等奖
2	11	6

刘耘

　　刘耘，男，1980 年 5 月出生，2010 年毕业于上海大学广播电视艺术学专业，硕士学位。现任教于辽宁工业大学，数字媒体艺术专业，讲师。指导和带领学生参加全国大学生计算机设计大赛和广告大赛，获得国家级一等奖 3 项，二等奖 11 项、三等奖 7 项，省级一等奖 3 项、二等奖 5 项和若干三等奖及优秀奖。2017 年 11 月，获得由中国高等教育学会和大学生广告艺术大赛组委会授予的国家级"优秀指导教师"荣誉称号。

拓明福（中国人民解放军空军工程大学）

一等奖	二等奖	三等奖
3	9	7

拓明福

　　拓明福，男，1979 年 3 月出生，宁夏中卫人，空军工程大学副教授，从事计算机专业的教学和研究。曾获军队科技进步一等奖、全国精品资源共享课二等奖、全军微课竞赛一等奖等。主持或参与多项军内装备科研项目。指导学生获中国大学生计算机设计大赛一等奖 3 项、二等奖 9 项、三等奖 7 项，中国大学生计算机设计大赛西北地区各级奖项 20 余项。

周冰

周冰（武汉科技大学城市学院）

一等奖	二等奖	三等奖
—	5	14

　　周冰，女，1981 年 3 月出生，武汉科技大学城市学院计算机专业副教授、主要研究方向：多媒体技术、数据库技术。指导学生参加"挑战杯""全国信息技术大赛""全国计算机设计大赛""湖北省信息技术大赛""湖北省大学生创业大赛"等科技竞赛，获得国家级、省级奖项多项。

曹晓明

曹晓明（深圳大学）

一等奖	二等奖	三等奖
5	9	4

　　曹晓明，男，博士，1978 年 7 月出生，深圳大学教育信息技术系教师，专业为教育技术学，副教授。自 2014 年开始指导学生参与中国大学生计算机设计大赛，主要参与的分项赛事组别为交互媒体设计、动漫游戏设计与民族文化，累计获奖作品共 17 项；其中《风雨碉楼》《"霓裳羽衣"App——基于 AR 的民族服装交互展示》《濒客星球》《掌上围屋 App(虚拟漫游)》《脑力运动会之兔子快跑》等 5 项作品获得全国一等奖，另有 9 项作品获得二等奖，4 项作品获得三等奖。因组织比赛成绩相对突出，两度被评为广东省普通高等学校大学生计算机设计大赛优秀指导老师。

周琢

周琢（安徽师范大学皖江学院）

一等奖	二等奖	三等奖
—	9	9

　　周琢，男，1982 年 10 月出生，工作于安徽师范大学皖江学院，数字媒体技术专业，讲师。先后指导学生获得国赛二等奖 9 项，三等奖 9 项。

张巍（辽宁工业大学）

一等奖	二等奖	三等奖
—	9	9

张巍，男，1985年10月出生，毕业于辽宁工业大学计算机技术专业，硕士学位，现工作于辽宁工业大学计算中心。参加工作以来，一直负责辽宁工业大学计算中心实验室日常管理和建设工作，工作中兢兢业业，勤劳肯干，团结同志，深受好评。作为计算机创新团队的指导教师，鼓励指导学生参加计算机相关各类竞赛，在中国大学生计算机设计大赛中，指导学生先后获得多个奖项。连续多年被评为"辽宁工业大学大学生创新创业竞赛优秀指导教师"。

张巍

陈仕鸿（广东外语外贸大学）

一等奖	二等奖	三等奖
1	7	10

陈仕鸿，男，1979年10月出生，工作于广东外语外贸大学信息科学与技术学院计算机软件与理论专业，副教授。2015年起任大赛的校级负责人，2017年、2018年任广东省省赛联系人。2010年起指导学生参加全国大学生计算机设计大赛获全国一等奖1项，二等奖7项，三等奖10项。

陈仕鸿

申林（上海师范大学）

一等奖	二等奖	三等奖
—	7	11

申林，男，1970年7月出生。上海师范大学音乐学院音乐科技系主任、副教授、硕士生导师；英国班戈大学电子音乐作曲博士在读。创作的作品曾于英国、美国、日本等国发表，并在ISMIR国际研讨会等国际会议中演出。曾担任中国大学生计算机设计大赛、ICMC国际电脑音乐大会、北京国际电子音乐节、国际互联网音乐大赛等评委。自2012年以来，指导学生获得中国大学生计算机设计大赛计算机作曲比赛奖项近20人次。

申林

蒋立兵

蒋立兵（华中师范大学）

一等奖	二等奖	三等奖
1	4	13

　　蒋立兵，男，1981年11月出生，博士，华中师范大学副教授，硕士生导师，主要从事教育技术学、课程与教学论的教学与科研工作。近五年，主持教育部人文社会科学研究青年基金、湖北省社会科学基金、湖北省自然科学基金省部级课题3项，参与多项国家级课题；发表CSSCI来源期刊论文20余篇。近五年，指导学生参加"全国大学生计算机设计大赛"获得国家级一等奖1项、二等奖4项、三等奖13项。

邓娟

邓娟（武汉科技大学城市学院）

一等奖	二等奖	三等奖
—	5	13

　　邓娟，女，1981年1月出生，副教授，武汉科技大学城市学院信息工程学部信息技术系主任。主要研究方向：电子商务、网络技术、多媒体技术。近年来发表学术论文10余篇，申请软件著作权1项，主持参与多项教科研项目。参加各类微课教学竞赛获奖数项，指导学生参加中国计算机设计大赛等各类课外科技竞赛获奖多项，累计指导学生200余人次。荣获学校十佳教师荣誉称号及优质课堂金牌奖。

杨玉军

杨玉军（怀化学院）

一等奖	二等奖	三等奖
—	2	16

　　杨玉军，男，1978年5月出生，怀化学院计算机科学与工程学院计算机专业教师，副教授，电子科技大学在读博士研究生。湖南省青年骨干教师、怀化学院青年骨干教师培养对象。指导学生参加ACM竞赛亚洲区预赛获银奖1项、铜奖5项；指导学生参加中国大学生计算机设计大赛获中南地区赛一等奖7项、二等奖11项、三等奖9项，获国赛二等奖2项、三等奖16项；指导学生参加湖南省大学生程序设计大赛获一等奖2项、二等奖2项、三等奖5项。

邓秀军

邓秀军（华中科技大学）

一等奖	二等奖	三等奖
3	13	1

邓秀军，男，1977 年 8 月出生，华中科技大学新闻与信息传播学院广播电视学专业， 教授、博士生导师。指导学生参加全国大学生计算机设计大赛（含之前的文科计算机设计大赛）获得全国一等奖 3 个，二等奖 13 个。其中，《低碳王国》获得 2011 年全国大学生计算机设计大赛数字媒体专业组一等奖，《票》获得 2011 年全国大学生计算机设计大赛数字媒体非专业组一等奖，《知行书院》获得 2012 年全国大学生计算机设计大赛数字媒体专业组一等奖。

高博

高博（福建农林大学）

一等奖	二等奖	三等奖
1	9	7

高博，男，1981 年 10 月出生，福建农林大学艺术学院动画系主任。中国电影评论学会动漫游戏专委会副秘书长、中国高校科学与艺术创意联盟常务理事，中国 VR 艺术研究中心高级专家、福建省动漫游戏行业协会理事、福建省海峡文化创意产业协会专家委员会成员、海峡动漫影视创意产业发展促进会理事。长期从事影视动画创意与设计、数字影像技术合成、数字虚拟现实等方面的研究工作。曾主持部级项目 1 项，省厅级项目 5 项，各类实践性动画与影像内容制作项目 50 余项。指导学生参加动漫游戏设计等相关作品获省部级各类大赛奖项 50 余项。

王萍

王萍（江西师范大学）

一等奖	二等奖	三等奖
1	8	8

王萍，女，1967 年 4 月出生，江西师范大学计算机信息工程学院信息技术系副教授，指导学生获得获大赛一等奖 1 个、二等奖 8 个、三等奖 8 个。

刘垚

刘垚（华东师范大学）

一等奖	二等奖	三等奖
1	8	8

　　刘垚，男，1981年5月出生，工作于华东师范大学计算机科学与软件工程学院计算中心，计算机应用专业，高级工程师。注重对学生的计算机综合实践能力的培养，自2009年起连续指导学生参加中国大学生计算机设计大赛，累计获奖17次，其中一等奖1次、二等奖8次、三等奖8次，并多次带队参赛取得大奖；此外，2016年华东师范大学承办了中国大学生计算机设计大赛（软件应用与开发类），负责大赛的作品部署等技术工作，为大赛提供了安全、稳定的软件平台，保障了大赛顺利进行。

顾振宇（上海对外经贸大学）

一等奖	二等奖	三等奖
—	8	9

顾振宇

　　顾振宇，男，1967年6月出生，就职于上海对外经贸大学统计与信息学院信管系，计算机应用技术专业教师。从2008年起，负责计算机大赛和创新指导工作，指导大学生参加各级计算机设计竞赛，获奖85项。指导完成国家级和市级大学生创新实践项目10多项。主讲的"多媒体技术及商务应用"课程被世界知名网络教学平台Blackboard作为Bb应用五步走教学范例进行推广。荣获学校记功奖3次，优秀教学成果一等奖1项、二等奖1项。

邹丽娜（沈阳师范大学）

一等奖	二等奖	三等奖
2	4	11

　　邹丽娜，女，1980年3月出生，沈阳师范大学计算机与数学基础教学部讲师。从事计算机基础教学工作，研究方向为信息化教学中的教学改革，对于微课设计制作有着丰富的经验，从工程化角度管理微课的制作过程，在微课教学过程中运用创新思维方法，得到了很好的教学效果，曾多次指导学生参加计算机设计大赛微课组并取得优异的成绩。

邹丽娜

杨夷梅（怀化学院）

一等奖	二等奖	三等奖
—	2	15

杨夷梅

杨夷梅，女，1978年7月出生，怀化学院计算机科学与工程学院计算机专业教师，讲师，获湖南省青年教师课堂教学比武二等奖，怀化学院青年教师教学比武二等奖，怀化学院青年骨干教师培养对象，获怀化学院多媒体设计创作大赛一等奖、二等奖各1项。指导学生参加中国大学生计算机设计大赛，获中南地区赛一等奖7项，二等奖11项，三等奖8项，获总决赛二等奖2项，三等奖15项；指导学生完成各级大学生研究性学习和创新性实验计划项目4项。

方善用（浙江农林大学）

一等奖	二等奖	三等奖
1	9	6

方善用

方善用，男，1968年2月出生，浙江农林大学艺术设计学院视觉传达专业，副教授。先后指导学生获得一等奖1项、二等奖9项、三等奖6项。

黄慧君（浙江农林大学）

一等奖	二等奖	三等奖
1	8	7

黄慧君

黄慧君，女，1973年3月出生，浙江农林大学、艺术设计学院视觉传达专业，副教授。先后单独或合作指导学生获得一等奖1项，二等奖8项，三等奖7项。

袁旭

袁旭（岭南师范学院）

一等奖	二等奖	三等奖
1	7	8

　　袁旭，男，1987年10月出生，讲师。现工作于岭南师范学院信息工程学院，任数字媒体与设计类课程组组长。主要研究方向为用户体验设计与教育信息化。2015—2017年连续三年荣获广东省教育厅颁发的"广东省普通高等学校大学生计算机设计大赛"优秀指导老师奖，2017年获得"岭南师范学院第五届师德建设先进个人"称号，2016年获得岭南师范学院第二届"五四青工菁英"等。近几年指导学生获国赛一等奖1项、二等奖7项、三等奖8项。

张洁

张洁（南京大学）

一等奖	二等奖	三等奖
1	6	9

　　张洁，女，1977年11月出生，南京大学计算机系基础教学部讲师，主要从事计算机基础教学工作。从2009年第二届大赛开始，几乎每年都会带队参加全国大赛决赛，获得一等奖1次，二等奖和三等奖共15次左右。并积极参与大赛的各项会议，积极参与到设计大赛江苏省省级赛的组织工作中，多年来组织本校的设计大赛校级选拔赛，默默地为中国大学生计算机设计大赛奉献自己的热情和汗水，是将计算机设计大赛深度融入计算机基础教学的主要推动者之一。

李智敏

李智敏（上海商学院）

一等奖	二等奖	三等奖
3	4	9

　　李智敏，女，1969年1月出生，上海商学院计算机科学与技术专业副教授，近五年指导学生参加中国大学生计算机设计大赛有17组获奖，其中指导学生完成的作品《情系华夏魂》《游惠夷屋》《衣韵》分别于2015、2016年、2017年获大赛一等奖。

高逦（西北工业大学）

一等奖	二等奖	三等奖
1	5	10

高逦

　　高逦，女，1969 年 10 月出生，西北工业大学副教授，计算机科学与技术专业博士，西北工业大学本科教学最满意教师。主要研究方向为网络信息安全、系统工程、数据处理。近几年主要从事无线自组网安全研究、协同组网技术研究、网络化测试与故障诊断等研究，先后参与或主持卫星测控系统、载人飞行器系统、国防基础研究、国家自然科学基金、航天基金类的研究项目十余项，获得省部级科技进步奖 3 项，发表论文 10 余篇。

刘鸿沈（辽宁工业大学）

一等奖	二等奖	三等奖
—	4	12

刘鸿沈

　　刘鸿沈，男，1975 年 9 月出生，工作于辽宁工业大学软件工程专业，高级实验师。科研业绩：参与获得辽宁省科学技术进步三等奖 1 项，主持获得锦州市科学技术进步二等奖 1 项，获得实用新型专利 3 项和软件著作权 20 项，横向科研进款 45 万元，先后指导学生获国赛二等奖 4 项，三等奖 12 项。

施红（上海第二工业大学）

一等奖	二等奖	三等奖
1	2	13

施红

　　施红，女，1968 年 10 月出生，工作于上海第二工业大学，计算机与应用专业，讲师。自 2013 年起，连续 5 年指导学生参加中国大学生计算机设计大赛，并取得一等奖 1 项，二等奖 2 项，三等奖 13 项的好成绩。

国赛十年·资深评委奖

根据大赛创办早期担当评委次数以及十年来担当评委总次数、职称等诸多要素，经过多轮工作，共计15位评委获得"资深评委奖"。

陈恭和

陈恭和（对外经济贸易大学）

陈恭和，男，1947年11月出生，曾工作于对外经济贸易大学信息学院，2009年退休。2002—2006年任教育部高等学校文科计算机教学指导委员会委员，2007—2011年任高等学校文科计算机教学指导委员会副主任。参加由高等学校文科计算机教学指导委员会主持的"文科计算机教学要求"多个版本的制定工作，并担任经济管理专业计算机教学要求的组织和编写工作。2008—2017年在历届中国大学生计算机设计大赛中承担评审，并参与作品点评、颁奖工作，积累了丰富的经验。

龚沛曾

龚沛曾（同济大学）

龚沛曾，女，1953年8月出生于上海，1982年1月毕业于华东理工大学自动控制系。现为同济大学计算机系教授，兼任教育部高等学校计算机基础课程教学指导委员会委员、上海市计算机基础教育协会理事长、全国高等院校计算机基础教育研究会副会长。长期从事计算机基础教学与研究工作。承担的国家攻关项目获上海市科技进步三等奖；主持多项教育部重点教改项目，连续三届获得国家级教学成果二等奖；主编的《Visual Basic.程序设计教程》《大学计算机基础》系列教材获上海市优秀教材一等奖、国家级精品教材；主讲的"Visual Basic程序设计""大学计算机基础"课程于2003年、2005年评为国家精品课程；带领的大学计算机基础教学团队2008年评为国家级教学团队；获得第六届国家教学名师奖、宝钢优秀教师特等奖并享受国务院特殊津贴。

王行恒（华东师范大学）

王行恒，男，1953 年 4 月出生，华东师范大学计算中心教授，专业：计算机基础教育、多媒体应用；从事计算机基础教育工作 30 多年，作为第 1 届和第 2 届教育部文科计算机教指委委员（2002—2012），全国高校计算机基础教学研究会文科分会副主任、常委。参与了中国大学生计算机竞赛（初期为中国大学生文科计算机设计大赛）的策划、组织，担任了第 1 届（2008 年）至第 5 届（2012 年）的组委会委员，还担任了历届（除第 1 届外）中国大学生计算机设计大赛的评委。组织本校学生参加了学校、上海市和全国的多次计算机赛事，取得了优异成绩。

王行恒

陈汉武（东南大学）

陈汉武，男，1955 年 11 月出生，东南大学计算机学院教授，博士生导师。主要研究领域为量子计算与量子信息，相关研究已发表论文 142 篇，其中 SCI 收录 52 篇、EI 收录 96 篇，SCI 表现不俗 7 篇。获 *Science China Information Sciences* 三年高引论文奖励一次，获教育部科技进步二等奖和江苏省科技进步一等奖各一次。主要代表作均发表在 *IEEE Trans. Information Theory*，*Quantum Information Processing*，*IEEE Communications Letters*，*Quantum Information & Computation*，*Science China Information Sciences*，*ACM Journal on Emerging Technologies in Computing Systems* 等期刊上。出版个人专著 2 部，出版《量子计算与量子信息题解》一部。担任 IEEE 进化计算委员会量子计算特别工作小组副主任委员。是 *Mathematical Review* 受聘评审，*IEEE Transactions on Information Theory* 特约评审。

陈汉武

庄曜

庄曜（南京艺术学院）

　　庄曜，男，南京艺术学院教授、博士生导师，中国音乐家协会电子音乐学会副会长。主要创作：钢琴独奏《新疆舞曲》获中国音协"中国音乐风格创作比赛"奖，小提琴独奏《高原情愫》获第三届"中国音乐金钟奖"，古筝独奏《箜篌引》获第五届"中国音乐金钟奖"，以及管弦乐组曲《青海湖随想》、二胡协奏曲《雪山赞》、交响音画《草原音诗》、大型原创舞剧《潘玉良》音乐创作、大型原创舞剧《嫦娥奔月》音乐创作、交响合唱《和平钟声》、全系列音乐ＣＤ（六盘）《少数民族印象之旅》创作与编曲及多部影视音乐创作；多首舞蹈音乐创作，等等。出版《数字音频应用艺术》《计算机应用作曲》、《MIDI 音乐制作与编曲》等专业教材。

黄都培

黄都培（中国政法大学）

　　黄都培，女，教授，1957 年 5 月出生，工作于中国政法大学科技教学部，计算机技术应用专业。社会兼职：教育部高校文科专业计算机基础教学指导委员会委员（2007 年、2013 年两届）、北京市高教学会计算机教育研究会理事，曾任全国计算机基础教育研究会学术委员、文科专业委员会委员。历任 9 届大学生计算机设计大赛的评委（除 2016 年第九届外），参加过大赛的评审要求和规则的制定、编写、修改等工作。组织、指导本校学生参加各届大赛并多次获得好成绩。

田少煦（深圳大学）

田少煦，男，1957年11月出生，深圳大学传播学院教授，数字媒体与视觉文化研究所长。2007—2012任教育部高等学校文科计算机基础教学指导委员会艺术类分委员会委员，2013—2017任教育部高等学校动画、数字媒体专业教学指导委员会委员兼数字媒体艺术专业组副组长。2017年入选国家"万人计划"领军人才：教学名师。从2008年开始参加中国大学生计算机设计大赛，任历届数字媒体、民族文化组国赛评委。主持国家社科基金艺术学项目1项、教育部人文社科项目2项。主持国家精品资源共享课"数字色彩"、精品视频公开课《中国民间图形艺术》。出版"十一五""十二五"国家级规划教材3部，获中国工艺美术终身成就奖、教育部高校艺术教育科研论文一等奖、全国教育教学信息化大奖赛一等奖等。

田少煦

徐亚非（北京师范大学）

徐亚非，女，教授。原任东华大学服装与艺术设计学院副院长、新媒体艺术设计学科专业带头人，现任北京师范大学珠海分校设计学院院长，澳门科技大学人文艺术学院设计学博士生导师。社会兼职：教育部高等学校文科计算机教学委员会艺术设计委员会委员，教育部高等学校动画数字媒体专业教学指导委员会委员，中国艺术教育促进会计算机艺术教育委员会常务理事，中国电子视像行业协会数字艺术设计专家委员会、上海市科学与艺术学会理事、中国艺术家学会理事、历年担任中国大学生计算机设计大赛评委并对获奖优秀作品点评并颁奖。曾获纺织工业部科技进步二等奖、全国出口商品博览会金奖、全国计算机艺术设计优秀奖，获国家专利

徐亚非

一项、获河南省暨全国著名高校科技成果博览会两项金奖、上海市艺术教育先进个人。专业研究方向：数字媒体艺术，计算机平面设计，二维、三维动画设计，影视编辑与合成，虚拟设计，虚拟的服装展示设计等。科研成果主要有：《现代科学技术进步与大众传播发展Internet互联网络广告研究》《雅戈尔服装博物馆多媒体导视系统设计》《山东恐龙博物馆虚拟展示系统设计》《易居中国2008全国楼盘NLE(非线性剪辑)合成技术开发》《校校协同国际化育人模式与机制创新试验区》。此外，发表论文及出版著作20余(部篇)。

郑骏

郑骏（华东师范大学）

郑骏，男，华东师范大学计算中心主任，主要研究方向为 Web 应用技术以及高性能计算技术。发表文章 40 余篇，主编与参编教材多本。近几年来，负责与参加自然科学基金项目 2 项，负责省部级科研项目 3 项，负责国家 863 子课题 1 项，作为计算中心主任多次进行计算机基础课程的教学改革，开设研究生课程。任上海市高校计算（网络、现代教育）中心副理事长，上海市教育技术协会高等教育专业委员会副理事长。

徐东平

徐东平（武汉理工大学）

徐东平，男，博士，教授，1958 年 3 月出生，工作于武汉理工大学计算机学院，计算机科学与技术专业。1982 年 1 月在原武汉水运工程学院任教；1987—2002 年在《交通与计算机》杂志社兼职编辑；1995 年被评为交通部优秀教师；1994—2006《港口机械》杂志社兼职编辑；1992—2002 中国计算机学会微机专业委员会委员。2000—2012 年任湖北省暨武汉市微机专业委员会常委；2004—2008 年任湖北省教育学会副主任委员；2004 年任湖北省精品课程负责人；2002—2010 年任中国计算机学会电子政务与办公自动化专业委员会委员；2007—2013 年任教育部文科计算机基础教学指导委员会委员；2013—2017 年任教育部文科计算机基础教学指导分委员会委员；2009 年及 2013 年两次获湖北省教学成果二等奖；2001—2014 年任武汉理工大学计算机学院副院长。

现任教育部高等学校计算机科学与技术专业教学指导委员会"物联网工程专业建设专家组"委员、国家自然科学基金委通讯评委、教育部博士基金通讯评委、湖北省计算机学会常委、中国计算机学会高级会员、美国计算机学会会员、战略性产业国家特色专业（物联网工程专业）责任教授；参加及主持国家"九·五"攻关、自然科学基金、教育部骨干教师基金项目及企业委托项目 30 余项；发表论文 50 多篇；主编及参编教材三部。任中国大学生计算机设计大赛中南地区竞赛委员会秘书长；2008—2017 年历届中国大学生计算机设计大赛全国决赛评审委员。

宋长龙（吉林大学）

宋长龙，男，1959年3月出生，吉林大学计算机软件专业教授。自1982年以来，一直从事计算机基础教学工作，担任吉林省大学计算机课程优秀团队负责人，数据库及程序设计精品课程负责人，吉林省教学名师，主编了与计算机基础教学有关的教材20多本；自2008年第1届大学生计算机设计大赛以来，任10届评委。

宋长龙

曹永存（中央民族大学）

曹永存，蒙古族，男，计算机科学与技术专业二级教授。担任中央民族大学信息工程学院副院长兼中央民族大学公共教学部主任13.5年。教育部高等学校文科计算机基础教学指导委员分委委员，北京市计算机研究会常务理事。科研与教改项目：主持省部级科研、教改项目12项、参加国家自然科学基金项目2项，省部级科研项目20多项。科研与教学成果：教学方面，1998年被评为"全国优秀教师"、1997年被评为"北京市优秀教师"；获北京市级教育教学成果奖等4项、两本教材获北京市基础教材二等奖。科研方面，获"国家科技进步三等奖""国家民委科学技术进步一等奖"等，其他省部级奖2项；出版教材8部，在国内外核心及以上期刊会议上发表科研、教改论文20多篇。

曹永存

韩忠愿

韩忠愿（南京财经大学）

韩忠愿，男，1963 年 12 月出生，南京财经大学信息工程学院党委书记，计算机科学与技术专业教授，华中科技大学计算机辅助设计专业博士，江苏省计算机学会副理事长，教育部高等学校教学指导委员会 2007—2012 年度、2012—2017 年度委员，中国大学生计算机设计大赛组委会委员，全国高等院校计算机基础教育研究会文科专委会竞赛委员会副主任，中国图形图像学会理事。多年从事国家高技术课题研究、国防科研和计算机应用研究，开展了制造业信息系统的分析、设计、实施及系统集成相关技术的研究，主持完成了包括国家 863 应用基础研究课题"计算机辅助 CIMS 分析设计支撑技术研究及支撑软件开发"（合同号：863-9841-005）、国家教育部首批骨干教师资助计划项目"基于知识库和多视图需求模型的智能 CAD 技术研究"在内的多项国家和省部级科研项目，获得多项省级科研和教学成果奖。参加中国大学生计算机设计大赛历届评审工作和部分调研、组织、策划工作并担任江苏省级赛的监察工作。指导的学生也在国家与省自治区，直辖市多种科技竞赛中屡获佳绩。

褚宁琳

褚宁琳（南京艺术学院）

褚宁琳，女，1964 年 6 月出生，工作于南京艺术学院，教授级高级工程师，处长，计算机科学与技术专业。负责南京艺术学院本科生和研究生的计算机应用基础教学，主讲本科生的"大学计算机信息技术"、研究生的"计算机应用与信息检索"以及全院的"网络实用技术教程"等课程。还为传媒学院新开设并主讲了"电子电路"专业课程。主持精品资源共享课，率领的计算机教学团队获优秀教学成果奖。主编出版计算机教材 4 部，教材获教育部文科计算机基础教学指导委员会立项教材、高等院校计算机教育"十二五"规划教材。在国内权威和核心刊物发表学术论文数十篇，获多项专利发明授权。主持完成多项科研及教改项目：教育部全国高等院校计算机基础教育研究会项目、教育部文科大学计算机教学改革重点项目、江苏省高等教育教学改革重点项目、江苏省高校哲学社会科学研究基金项目、江苏省高等教育学会规划课题、江苏省现代教育技术研究课题等。主持学校智慧校园有线无线一体化网络建设，主持实施多项中央财政支持地方高校发展专项资金项目。获"中国教育和科研计算机网先进个人"、"江苏省教育信息化优秀工作者"、江苏省高校"信息化建设先进个人"等荣誉称号。社会兼职有：中国大学生计算机设计大赛专家委员会专家、教育部高等学校文科计算机基础教学指导委员会专家、中国教育信息化常务理事、江苏省高等学校教育技术研究会理事、江苏省计算机基础教育研究会理事。

吴玉红（安徽建筑大学）

吴玉红

吴玉红，女，1968 年出生，工作于安徽建筑大学艺术学院，视觉传达设计专业，教授，硕士生导师，安徽省徽州雕刻工程技术研究中心主任，安徽省包装技术学会委员会常委。兼职安徽大学艺术学院教授，硕士生导师。2017 年，赴美国俄亥俄州立大学学习。共先后开设"广告设计""包装设计""字体设计""标志设计""色彩构成"等多门课程。主持过多项省级一般和省级重点项目，作为第一主要参与人，参与国家社会科学艺术类项目和教育部项目。近两年主持的项目有，2016 年安徽省高校人文社科重点项目"互联网＋"时代下徽州指尖上的传统技艺"活化"实现研究，2017 年安徽省教育厅人文社会科学研究重点项目皖南地区"美丽乡村"建设下的旅游产品设计开发研究等，已取得阶段性成果。分别于 2005 年和 2006 年出版《广告新思维》《广告视觉语言》专著两本；主编教材《装饰工艺技法解析》（2006 年版）、《Flash 二维动画设计教程》（2015 年版）、《色彩构成与配色应用原理》（2015 年版）。在全国艺术类核心期刊及国家重点期刊《装饰》《美术》《学术界》等学术期刊上发表《山东高密和安徽阜阳剪纸造型特征比较分析》《民间剪纸中的"数"语言形态特征》《论消费社会的文化消费与文化审美》等论文 30 多篇。广告招贴"非色"荣获 2013 年中国创意设计年鉴银奖，标志设计"快乐家庭节"荣获 2013 年中国创意设计年鉴银奖，中国设计师协会颁发。

国赛十年·杰出评委奖

根据 2008-2017 年担当评委次数以及现场表现等诸多要素，经过多轮工作，共计 38 位评委获得"杰出评委奖"。

孙中胜

孙中胜（黄山学院）

孙中胜，男，安徽歙县人，1951 年 8 月出生，黄山学院电子信息学院电子信息类高级工程师，专业方向为计算机应用。2013 年受聘合肥财经职业学院，任合肥财经职业学院电子信息系创新实验室主任。已编著出版计算机基础和专业应用类书籍教材 21 部，撰写及发表各类论文 28 篇。荣获 2000 年度黄山市科技进步三等奖。安徽省高等学校计算机教育研究会名誉秘书长，原中国大学生计算机设计大赛安徽省级赛组织委员会秘书长，中国大学生计算机设计大赛安徽省级赛组织委员会委员。创办黄山学院创新实验室、合肥财经职业学院创新实验室。2008 年以来，组织，探讨、指导中国大学生计算机设计竞赛，大学生智能车竞赛、电子设计竞赛、机器人竞赛等多项大学生竞赛活动。

张洪瀚

张洪瀚（哈尔滨商业大学）

张洪瀚，男，1954 年 12 月出生，哈尔滨商业大学教授。哈尔滨商业大学计算机与信息工程学院原党组书记兼副院长，现任哈尔滨商业大学督学。从事计算机教学第一线三十多年。

陈华沙（上海外国语大学）

陈华沙，男，生于 1955 年 5 月，曾工作于上海外国语大学（现已退休），计算机应用专业，高级工程师，硕士生导师，曾担任上海外国语大学现代教育技术中心副主任、网络信息中心主任、信息技术中主任兼书记等职。

陈华沙

耿国华（西北大学）

耿国华，女，1955 年 12 月出生，西北大学计算机软件与理论博士，教授，博士生导师，曾任两届（2002—2006 年、2007—2011 年）教育部高等学校文科计算机基础教学指导委员会副主任委员，现任西北大学文化产业研究院院长、文化遗产数字化国家地方联合工程中心主任，兼任教育部大学计算机教指委委员、全国高等院校计算机基础教育研究会副会长、陕西省计算机教育学会副理事长等职。国家万人计划领军人才、国家教学名师，全国优秀科技工作者，享受政府特殊津贴。致力于智能信息处理教学与研究 30 余年，在文化遗产数字化保护、基于内容的图像模型智能检索技术的交叉研究特色突出，在国内具有重要影响，系统产品已在经济文化建设中发挥重要作用，为推动本学科科研发展及技术进步起到重

耿国华

要作用。主持承担"973"前期专项、国家发改委专项、中奥（奥地利）国际合作项目、国家科学基金重点、面上项目等 20 余项。发表学术论文 200 余篇，其中 SCI、EI 收录 79 篇，专著 5 部，授权发明专利 6 项。作为第一完成人获得国家教学成果二等奖 3 项，陕西省教学成果特等奖与一等奖共 5 项，主持国家精品资源共享课 2 门、国家精品课程 2 门、国家精品在线课程 1 门，主编国家"十二五"规划教材一部，国家"十一五"规划教材 5 部，研究成果获得 2009 年国家科技进步奖二等奖，省部级科技奖励 18 项。2011 年 7 月、2015 年 7 月在西安成功主持承办第 4 届、第 8 届中国大学生计算机设计大赛。2012—2017 年连续主持承办 5 届中国大学生计算机设计大学赛西北地区赛。西北大学获国赛优秀组织奖 2 次。

黄保和

刘玉萍

黄保和（厦门大学）

　　黄保和，男，厦门大学公共计算机教学部原主任，生于 1956 年 11 月，已退休，现返聘为厦门大学本科教学督导员。中国大学生计算机设计大赛第 1~10 届决赛评委。

刘玉萍（西南民族大学）

　　刘玉萍，女，1956 年 11 月出生，西南民族大学，副教授，计算机应用专业，进行计算机教学工作 30 多年，多次获得省高校教学成果奖、学校教学成果奖，学校教学质量奖等。出版计算机类教材十几本，发表论文数十篇。从 2008 年（首届）开始一直受聘为中国大学生计算机设计大赛组委会大赛评委。

冯佳昕（上海财经大学）

　　冯佳昕，女，1957 年出生。上海财经大学信息管理与工程学院，教授，博士生导师。2002 年至今连任教育部高等学校文科计算机教学指导委员会委员，教育部高等教育司专家库评审专家，历任十届中国大学生计算机设计大赛评审专家，上海市计算机应用能力大赛评审专家，上海财经大学教学指导委员会委员。

冯佳昕

贾京生（清华大学）

　　贾京生，男，设计学硕士学位，工作于清华大学。清华大学美术学院长聘教授、博士生导师、印染实验室主任；国家社科基金艺术学项目首席专家；北京市社科基金重点项目首席专家；教育部学位与研究生教育发展中心博士论文评审专家；中国学位与研究生教育学会评估委员会博士论文评审专家；教育部艺术类新专业网络评审专家；教育部高校大学计算机课程教学指导委员会文科计算机基础教指委委员；北京服装学院民族服饰博物馆专家、客座教授；北京师范大学珠海分校设计学院客座教授；2008—2016 年，中国大学生计算机设计大赛决赛评委；2011—2017 年，中国国际家用纺织品创意设计大赛评委、新闻发言人；中国家纺行业协会高级设计师、

贾京生

家纺艺术文化专业委员会委员、流行趋势研究员；中国流行色协会理事、色彩教育委员会委员。出版著作 17 部，约 270 万字。发表论文近 100 篇，约百万字。获得各类奖项 21 项。代表著作有《中国现代民间手工蜡染工艺文化研究》《蜡染艺术设计教程》《服饰色彩》《计算机与染织艺术设计》《构成艺术》等。主持多项科研项目，获得多个奖项。

詹国华

詹国华（杭州师范大学）

　　詹国华，男，1957 年 7 月出生，二级教授，全国优秀教师，浙江省教学名师。先后担任杭州师范大学信息科学与工程学院院长、杭州国际服务工程学院执行院长，兼任全国高等院校计算机基础教育研究会副会长、教育部大学计算机课程教学指导委员会文科分委会委员、中国服务贸易协会专家委员会副主任委员、华东高校计算机基础教学研究会会长、浙江省高等学校计算机类专业教学指导委员会副主任委员、浙江省物联网产业协会副会长，浙江省信息安全产业技术创新战略联盟专家委员会副主任委员，杭州市服务外包人才培训联盟理事长等职务。主持国家精品课程、国家精品资源共享课程、国家特色专业、教育部商务部服务外包试点专业，以及浙江省重点专业、优势专业、重点学科等。获国家级教学成果奖二等奖 1 项，浙江省教学成果奖一等奖 2 项、二等奖 2 项，中国软件和服务外包人才培养贡献奖。自 2008 年首届中国大学生计算机设计大赛创办以来，一直参加大赛评审工作，并具体负责中国大学生计算机设计大赛软件服务外包竞赛和中国大学生计算机设计大赛省级赛直报赛区赛事组织工作。

崔巍

崔巍（北京信息科技大学）

　　崔巍，男，1958 年 5 月出生，北京信息科技大学信息管理学院教授。从 2009 年第 2 届中国大学生计算机设计大赛开始参加了历年评审工作，并参与作品点评、颁奖工作，积累了丰富的经验。在学校组织参加中国大学生计算机设计大赛的选拔工作，本校从第 3 届开始参赛每年都载誉而归，曾获得两年一等奖，10 个二等奖的好成绩。

匡松（西南财经大学）

匡松，男，西南财经大学计算机应用专业教授。先后任西南财经大学经济信息工程学院副院长、教学评估研究所所长、海外教育交流中心主任；多次被评为西南财经大学优秀教师并被授予"教学名师"称号；2003年7月被中共四川省教育委员会授予"优秀共产党员"荣誉称号；2004年9月被四川省人事厅、四川省教育厅评为"四川省教育系统优秀教师"。先后主研和参加国家级、省部级科研及教改项目15项；编著和主编出版了《VAX/VMS系统的使用及开发》《C语言程序设计》《大学计算机基础》《C#大学实用教程》《Excel在经济管理中的应用》《Internet应用案例教程》等计算机类教材及其科普图书200余部。在《计算机科学》等刊物上发表论文55篇。任教育部高

匡松

等学校文科计算机基础教学指导分委员会委员、全国高等学校计算机基础教育研究会常务理事、全国高等院校计算机基础教育研究会文科专业委员会副主任、中国大学生计算机设计大赛评比委员会委员、四川省高等院校计算机基础教育研究会第六届理事会理事长。任第1届、第2届和第3届等多届中国大学生计算机设计大赛评比委员会委员，负责推动了中国大学生计算机设计大赛四川省级赛的开展（举行了2013年至2017年共5届省级赛）。

刘敏昆（云南师范大学）

刘敏昆，云南师范大学，教授，硕士生导师，长期从事计算机专业课、公共计算机课教学。在重视学生基本知识、基本技能的基础上，强化学生应用计算机解决问题的能力，不断探索在"大学计算机基础"公共课程教学中，培养学生自主学习、合作学习、协作学习，口头和书面等综合能力并取得了显著成效。

2010年开始担任"中国大学生计算机设计大赛"的评委工作，至今已经参加过长春、西安、成都、沈阳、昆明、杭州、合肥等地的八届比赛评委工作，多次担任评委小组组长并代表大赛组委会做参赛作品点评。2012年代表云南师范大学组织承办过"中国大学生计算机设计大赛——中华民族文化组"的赛事。

刘敏昆

潘瑞芳

潘瑞芳（浙江传媒学院）

潘瑞芳，女，1959 年 11 月出生，教授，软件工程数字媒体专业，浙江传媒学院新媒体学院院长。长期从事数字媒体技术与艺术结合的研究与开发实践。从 2010 年至今，每年担当大赛评委。先后承办 2012 年、2013 年、2015 年三届四批中国大学生计算机设计大赛。2012—2017 被聘为教育部高校文科计算机基础教指分委委员；中国广播电影电视社会联合会技术委员会常务理事；全国高校计算机基础教育学会文科专委会副主任；浙江省重点学科"交互媒体技术"负责人；浙江省"动画及数字技术"重点实验教学示范中心主任；浙江省高校计算机专业教指委委员；浙江省新兴特色专业数字媒体技术负责人等。在科研上，先后主持或参与国家级省级等项目 12 项；公开出版著作或教程《手机游戏的设计开发》《"拟像"中现实性转向——数字游戏化自然生态修复理念传播之探讨》，《数据库技术与应用》等 11 部，曾获得省级优秀教材一等奖和省级教学成果三等奖等；软件著作权 2 部，发表论文 30 余篇。

王元亮

王元亮（云南财经大学）

王元亮，男，1959 年 9 月出生，云南财经大学信息管理与计算机应用专业，教授，硕士生导师。担任过云南财经大学教务处副处长、信息学院院长、档案馆馆长、中国电子商务信息网高级技术顾问、北京用友软件股份有限公司荣誉顾问、云南省高校计算机教学指导委员会专家、云南省高校计算机教学研究会秘书长等职。撰写专著和主参编云南省统编等教材 30 余部，在全国核心等期刊上发表过 30 余篇论文，主持参与多项国家级和省级课题。先后担任过六届中国大学生计算机设计大赛评委，点评过大赛许多颁奖作品，建议提出设立中华民族服饰手工艺品建筑竞赛项目得到采纳。2013—2017 年指导本校学生参加中国大学生计算机设计大赛，先后获得一等奖 4 项，二等奖 12 项，三等奖 10 项，居全省之首。

姚琳（北京科技大学）

　　姚琳，男，1959年8月出生，北京科技大学计算机与通信工程学院信息基础科学系，副教授，系主任，北京科技大学名师，北科多媒体创新创业平台负责人，教育部聘任2006-2012年高等学校计算机基础教学指导委员会委员，全国高等院校计算机基础教育研究会理事，北京高等教育学会计算机教育研究会常务理事。先后承担2012-2017年历年中国大学生计算机设计大赛十多场评审工作，并参与作品点评、颁奖工作，积累了丰富的经验。作为指导老师，带领学生参赛，并多次获得中国大学生计算机设计大赛一、二等奖。

姚琳

陈明锐（海南大学）

　　陈明锐，男，教授，博士生导师。曾经任海南大学信息科学技术学院副院长。现海南大学软件工程一级学科责任教授；海南省普通高等学校教学名师，海南大学十佳教师；兼任教育部大学计算机课程教学指导委员会委员，全国高校计算机教育研究会理事，教育部研究生论文评审专家，教育部高等学校本科教学评估专家，教育部普通高等学校本科专业设置评审专家，海南省高校计算机教学指导委员会主任，海南省计算机学会理事长法人代表，海南省网络安全协会常务副理事长，海南省职业指导行业协会专家组副组长，海南省人口计生信息化专家委员会副主任，海口市信息化咨询专家等。全国万名优秀创新创业导师，海南省创业导师，中国高校计算机大赛华南赛区执委会主任，中国大学生"互联网+"创新创业大赛海南赛区竞赛秘书长等。

陈明锐

　　开发海南高考管理系统，获国家教委考试中心标准化考试创新奖二等奖；获中国第二届优秀青年科技创业奖；曾多次获海南省"优秀教学成果"一、二等奖；获海南省中青年科技奖；获海南大学"两吴"优秀教学奖；获海南大学"两吴"科研奖；获海南大学"两吴"教育教学研究成果一、二等奖；获海南省普通高等学校教学名师奖；获海南大学"十佳教师"奖；获海南省自然科学优秀学术论文二等奖等。

　　从事研究生和本科生"软件工程""管理信息系统""现代软件工程""软件质量保证"等专业课程的教学工作35年，深受学生欢迎。是省级教学团队带头人，"软件工程"省级精品课程责任教授，计算机科学与技术省级特色专业责任教授。具备坚实而全面的计算机基础理论知识，对软件工程、嵌入式系统及其管理信息系统有较为深入的研究，积累了比较丰富的科学研究与教学经验，在所从事的专业领域取得一定的成就。公开发表中文核心刊物及其EI收录学术论文100余篇，编写由高等教育出版社等出版发行的学术著作教材共16部。主持完成各级科研项目多项，现在研的省级以上项目、市级项目、横向项目共10项，经费达300万多元。已培养研究生60多名。

李四达

李四达（北京服装学院）

李四达，男，北京服装学院教授，新媒体艺术研究学者。全国高校计算机基础教学研究会数字创意委员会副主任 。自2012年开始担任全国大学生计算机设计大赛专业评委。参与指导的多媒体网站作品《绿游社区》获得2011年数媒专业组国赛一等奖。2014年指导的公益海报系列作品《关爱生命，远离雾霾》获得了数媒专业组国赛一等奖。长期从事数字媒体艺术、交互与服务设计、动画等专业教学和科研。出版有国家"十一五"和"十二五"规划教材《数字媒体艺术概论》（第1–3版）、《数字媒体艺术简史》（2017）和《交互与服务设计》（2017）等12部高校专业课教材。

陆铭

陆铭（上海大学）

陆铭，男，生于1960年5月，上海大学图书馆副教授，常务副馆长，图书馆学、计算机应用专业硕士生导师，全国高校计算机基础教育研究会理事，华东高校计算机基础教育研究会理事，上海市计算机基础教育协会常务理事，中国图书馆学会高等学校图书馆分会委员，上海市图书馆行业协会理事，上海市科学技术情报学会理事，上海高校图书情报工作委员会常务理事，上海市微型电脑应用学会终身会员、教育部高等学校文科计算机基础教学指导委员会聘任专家委员。先后担任2012—2017年中国大学生计算机设计大赛多个组别的评委，并参与作品点评和颁奖活动。长期从事计算机应用方面的课程教学和应用研究，担任多门计算机基础课程的教学，参与并开发了大量具有实际应用价值的科研项目，荣获上海市重大科技成果三等奖3项、上海市优秀教学成果特等奖1项、上海市优秀教学成果二等奖1项、上海市优秀教学成果三等奖4项。荣获"上海市育才奖"2次。

原松梅（哈尔滨工业大学）

原松梅，女，1960 年 5 月出生，哈尔滨工业大学机电学院媒体技术与艺术系副教授，硕士研究生导师。先后主持、承担国家发改委、总装备部、工业与信息化部、黑龙江省文化厅、黑龙江省教育厅的多项科研项目和教学改革项目。先后获得航天部科技成果三等奖 1 项、国家级教学成果二等奖 1 项、黑龙江省教学成果一等奖和二等奖多项、黑龙江省高教学会教育优秀科研成果奖多项，获得黑龙江省社科联系统先进工作者、哈尔滨工业大学优秀教学奖、我最喜欢的十佳优秀班主任称号等。担任中国创造学会理事、中国人工智能学会 CBE 学会会员、中国网络传播学会会员。先后承担 2009—2017 年中国大学生计算机设计大赛的评审工作，并参与作品的点评、颁奖工作以及大赛的筹备和总结工作。作为指导老师，带领学生参赛并获得 2016 年、2017 年中国大学生计算机设计大赛二、三等奖。

原松梅

曹淑艳（对外经济贸易大学）

曹淑艳，女，博士，教授，工作于对外经济贸易大学，计算机软件专业，信息化处副处长。1985 年 7 月于西北工业大学计算机科学与技术系计算机软件专业，获工学学士学位。2000 年 12 月于北京理工大学经济与管理学院管理科学与工程专业，获管理学硕士学位。2010 年 7 月于对外经济贸易大学金融学院，获金融学博士学位。1985 年 8 月至 2001 年 3 月，于对外经济贸易大学信息经济系任教师；2001 年 3 月至 2004 年 3 月，于对外经济贸易大学信息学院任教师；2004 年 3 月至 2015 年 12 月，任对外经济贸易大学信息学院副院长；2015 年 10 月至今，在对外经济贸易大学信息化管理处。担任教育部大学计算机课程教指委委员、文科计算机教指分委副主任委员，全国高校计算机基础教育研究会文科专业委

曹淑艳

员会副主任委员，全国高校计算机基础教育研究会财经专业委员会副主任委员。入选科技部、北京市信息服务业、文化创意产业专家库。积极担当大赛评委，参与了多次大赛研讨和组织工作。

彭小宁

彭小宁（怀化学院）

彭小宁，男，1962 年 10 月出生，湖南省高教学会计算机教育专业委员会副理事长兼秘书长，怀化学院计算机科学与工程学院院长，教授。自 2008 年大赛创设以来［前身是"中国大学生（文科）计算机设计大赛"］，积极参与大赛的各项组织评审工作，积极推动大赛在中南地区高校的蓬勃开展，认真组织区域赛，得到了广大在校大学生的踊跃参赛，从赛事组织、比赛环节到技术细节、交叉评审等方面获得了与赛者的一致好评，中南赛区参赛的规模逐年扩大，参赛作品的数量逐年增加，参赛作品的质量逐年提高。同时积极参加并承办大赛有关的工作会议，研讨会议、负责人会议，为打造具有一定影响力的计算机赛事，不忘初心，砥砺前行。

曹菡

曹菡（陕西师范大学）

曹菡，女，1963 年 7 月出生，博士，教授，博士生导师，陕西师范大学计算机科学学院计算机科学系主任，教育部高等学校文科计算机基础教学指导委员会委员。主要研究方向为并行计算与大数据处理，学习分析，空间数据挖掘，智慧旅游。1986 年毕业于西北大学计算机系，获学士学位，1989 年西北大学计算机系获得硕士学位，2002 年武汉大学测绘遥感信息工程国家重点实验获室博士。2009 年得州州立大学访问研究。1989 年在陕西师范大学计算机系任教至今。曾先后主持参加了多项国家自然科学基金，陕西省社发攻关课题和陕西省自然科学基础研究计划课题等科研课题的研究与开发。主持参加多项横向课题的研制与开发。主持完成了百度与教育部校企合作专业综合改革项目、谷歌与教育部高教司产学合作协同育人"西部院校课程教改研究与实践"项目、陕西师范大学校级重点科学基金资助项目、校级重点课程建设资助项目、双语教学的研究与实践项目、精品网络课程建设的研究与实践项目多项省级精品课程和省级精品资源共享课程。《数据库原理与应用》主持人，全国第五届教育硕士专业学位优秀教师。

郭清溥（河南财经政法大学）

　　郭清溥，男，1963年1月出生，河南财经政法大学现代教育技术中心（计算机实验教学中心）主任，教授。全国高等学校计算机基础教育研究会理事，财经管理专业委员会委员，文科专业委员会委员。河南省高等学校计算机教育研究会常务理事，基础教育委员会主任。中国大学生计算机设计大赛组织委员会委员。中国大学生计算机设计大赛河南省级赛组织委员会秘书长。负责组织了2012—2017年共六届中国大学生计算机设计大赛河南省级赛。从2008年开始，承担了历年中国大学生计算机设计大赛的决赛现场评审工作，并参与作品点评、颁奖，积累了丰富的经验。

郭清溥

黄卫祖（东北大学）

　　黄卫祖，男，1963年4月出生，东北大学计算机学院教授，东北大学虚拟学院创始人，信息技术研究院副院长，教育技术研究所所长。教育部大学计算机课程课程教学指导委员会委员，CCF教育专委会委员，辽宁省计算机基础教育学会副理事长，CMOOC联盟辽宁省工作委员会主任。获得国家级、省部级教学成果奖10余项，获得辽宁省科技进步二等奖一项。作为指导教师，1993年开始带领本科生参加各种学科及创新竞赛，获得省级以上奖励100余项。作为负责人，主办、承办省级以上学生竞赛20余次。作为裁判长、裁判或评委，参加竞赛评判工作50余次。

黄卫祖

刘志敏

刘志敏（北京大学）

刘志敏，女，1963 年 2 月出生，北京大学信息科学技术学院副教授，硕士研究生导师，专业方向为无线通信。北京大学文科计算机课程主持人，《计算机应用基础教程》一书的主编，发表期刊及会议论文数十篇，授权国家发明专利 6 项。教育部高等学校文科计算机基础教学指导委员会委员，中国大学生计算机设计大赛组委会委员、评比委员会秘书长，在 2008—2017 中国大学生计算机设计大赛 10 届竞赛中，曾参加了其中的 9 届（2012 年竞赛除外）评比委员会的作品评比工作，并曾多次担任评比小组组长。

史志才

史志才（上海工程技术大学）

史志才，男，1964 年 4 月出生，上海工程技术大学电子电气工程学院副院长，计算机系教授，硕士研究生导师，浙江大学控制科学与工程专业博士，哈尔滨工业大学计算机科学与技术专业学士、硕士和博士后，中国计算机学会高级会员和体系结构专业委员会委员，澳大利亚麦凯瑞大学计算机系高级访问学者。2003—2012 年被聘为教育部高等学校文科计算机基础教学指导委员会委员，先后参与了财经类相关专业计算机基础教学规范的制定工作，承担了历届中国大学生计算机设计大赛的评审工作，并参与作品点评和颁奖，在大赛作品的评审和点评方面积累了丰富的经验。

杨青（华中师范大学）

杨青，女，1965年9月出生，华中师范大学计算机学院副教授，硕士生导师。多年来一直从事计算机基础教学工作和人工智能、数据库的研究工作，先后主持和参加了国家级、省部级项目和横向项目多项，曾获得过省部科技进步二等奖2个，三等奖1个，获得湖北省教学研究成果一等奖1项，三等奖1项。在国际国内重要的学术会议、权威期刊和核心期刊公开发表论文几十篇。主编过多本计算机教材，并参加了教育部高等教育司组织制订的高等学校文科类专业"大学计算机教学基本要求"（2006年版和2008年版）的编写。

杨青

罗朝晖（河北大学）

罗朝晖，男，1966年4月出生，现工作于河北大学工商学院，计算机专业，教授。2013—2017年教育部高等学校文科计算机基础教学指导分委员会委员、中国高等教育学会教育信息化分会理事。从事计算机基础教学20多年，先后为讲授过"dBaseIII""Foxbase""Basic语言""办公自动化""微机应用基础""Visual Basic程序设计""信息技术基础""大学计算机基础"和"数据库应用技术"等课程。主编多部教材，其中《Access数据库应用技术》教材由高等教育出版社出版，并入选"普通高等教育'十一五'国家级规划教材"。参加了教育部高等教育司组织的高等学校文科类专业《大学计算机基本要求》2006版、2008版和2011版的编写工作。多次担任中国大学生（文科）计算机设计大赛评委，积极组织大赛河北赛区赛事。

罗朝晖

王学颖

王学颖（沈阳师范大学）

王学颖，女，1966年1月出生，沈阳师范大学计算机与数学基础教学部主任，教授，硕士生导师，武汉大学管理科学与工程专业管理学博士，美国伊利诺伊州立大学芝加哥分校访问学者，教育部全国万名优秀创新创业导师，辽宁省本科教学名师，沈阳师范大学本科教学名师，辽宁省资源共享课程负责人，辽宁省创新创业教育指导委员会委员，辽宁省大学生创业项目评审专家，辽宁省大学生创业大赛评审委员会委员，全国大学生计算机设计大赛评审专家，辽宁省商务厅电子商务咨询专家，全国高校创业指导师， GCDF全球职业规划师。

陈志云

陈志云（华东师范大学）

陈志云，女，1967年12月出生，华东师范大学计算机科学与软件工程学院，副教授，公共计算机教学负责人，教育部高等教育司专家库评审专家，上海市教育评估院评审专家，上海市高校计算机等级考试一级命题组副组长。自2009年以来，组织校级计算机应用能力大赛，培养和组织学生参加上海市大学生计算机应用能力大赛和中国大学生计算机设计大赛，并先后承担了历年来中国大学生计算机设计大赛的多场评审工作，参与作品点评、颁奖工作，积累了丰富的经验。作为指导老师，多年来带领学生参赛，分别在2013—2017年获得中国大学生计算机设计大赛一等奖2项、二等奖4项、三等奖7项。作为核心成员之一，参与完成2016年中国大学生计算机设计大赛软件设计与开发类大赛的校级承办相关组织工作和2015年上海市计算机应用能力大赛的校级承办组织工作，并参与了2017中国大学生计算机设计大赛相关章程的修改讨论工作。

杨勇（安徽大学）

杨勇，男，1967 年 8 月出生，安徽大学大学计算机教学部高级工程师。从事大学计算机相关课程的教学管理与实施工作，曾获安徽省科技进步一等奖、安徽省教学成果二等奖等。自 2009 年起，参与组织中国大学生计算机设计大赛校级赛，并以学校领队身份带队参加国赛决赛，2014 年指导学生作品 Colorful 获得国赛一等奖，同年以评委身份参与高职高专组国赛作品评审。2013 年起参与安徽省级赛的组织实施工作，2016 年起担任安徽省级赛组委会秘书长。2016 年，作为骨干力量承担了数字媒体设计类专业组和普通组的国赛赛务工作。

杨勇

赵宏（南开大学）

赵宏，女，博士，副教授，南开大学公共计算机基础教学部主任。教育部高等学校文科计算机基础教学指导分委会委员，全国高等院校计算机基础教育研究会理工专业委员会理事委员，天津市高校计算机基础教育研究会副理事长、常务理事。教学方面主要从事公共计算基础课教学与研究，科研方面主要进行计算机与环境科学交叉科学领域研究。主持 / 参加科研项目 20 余项，主持 / 参加国家及学校教学改革项目 10 余项，发表科研 / 教学论文 30 余篇，软件著作权 6 项，主编教材 9 本，参编教材 5 本，获得南开大学教学成果一等奖及其他奖项若干。历届中国大学生计算机设计大赛天津市级赛负责人，中国大学生计算机设计大赛国赛评委。对中国大学生计算机设计大赛组织和评审具有较为丰富的经验。

赵宏

冯坚

冯坚（武汉音乐学院）

冯坚，女，1968年1月出生，工作于武汉音乐学院，计算机音乐作曲专业，副教授，武汉音乐学院计算机音乐创作研究中心主任，中国音乐家协会电子音乐学会副秘书长。创作作品曾在多个音乐节上公演，其中包括：2014希腊雅典ICMC（国际计算机音乐年会）、2014德国汉堡国立音乐戏剧大学"中国、女性、音乐与歌剧"音乐节暨研讨会、2013英国伯明翰前沿＋现代音乐节、现代ISCM国际现代音乐节、北京国际电子音乐节、上海音乐学院国际电子音乐周等。主要论著包括《电子音乐创作与研究文集》《武汉音乐学院的电子音乐创作、研究与教育》《声音、音响、音景的世界——加拿大1998年的严肃电子音乐活动观察》《音响的组织及其隐含的曲式意味》《电子乐器的音响特征与电子音乐中音色的结构意义》等。所获荣誉包括2011全国教育研究创新成果奖、全国文科计算机设计大赛指导教师奖、湖北高等教育研究奖以及金编钟提名奖等。

李吉梅

李吉梅（北京语言大学）

李吉梅，女，1970年1月出生，博士，北京语言大学教授，信息管理与信息系统专业负责人，主要从事信息系统管理、数据挖掘等研究和教学工作，在会计信息化、教育信息化等方面，做了一些探索性地研究。近10年发表论文41篇，独立以或第一作者身份发表34篇全文，其中SCI检索1篇，EI、ISTP检索7篇；主编并以第一作者出版教材10多本，其中普通高等教育"十一五"国家级规划教材1本，教育部高等学校文科计算机基础教学指导分委员会立项教材4本，高等学校文科类专业大学计算机规划教材3本，新道实践教学示范中心推荐教材4本。近10年来，主持或参与校级以上的纵向项目13项，其中国家级2项、省部级3项。2015年被评为北京语言大学教学名师，2013年获北京市优秀教师称号。

王海艳（南京邮电大学）

王海艳，女，1974年2月出生，南京邮电大学贝尔英才学院，教授，副院长，江苏省大数据安全与智能处理重点实验室副主任，计算机应用技术专业博士，东南大学计算机科学与技术专业博士后，2013—2017年任教育部高等学校教学指导委员会委员、教育部高等教育司专家库评审专家，2013年入选江苏省"六大人才高峰"资助，2012年被选为江苏省第四期"333高层次人才培养工程"培养对象（第三层次），2006年度江苏省"青蓝工程"培养对象，中国计算机学会高级会员，CCF服务计算专委会委员，ACM会员，江苏省计算机学会"计算机与通信专业委员会""大数据专家委员会"委员。负责2013—2017年历年中国大学生计算机设计大赛十多场评审工作，并参与作品点评、颁奖工作。作为指导老师，带领学生参赛获得2016中国大学生计算机设计大赛二等奖。作为核心成员之一，参与完成2018年中国大学生人工智能大赛的筹备工作，以及大赛通知的起草与制定工作。

王海艳

金莹（南京大学）

金莹，女，1978年1月出生，南京大学计算机基础教学部副主任，博士，副教授，长期从事计算机基础教学工作。兼任教育部高等学校文科计算机基础教学指导分委员会专家，全国高等院校计算机基础教育研究会常务理事、文科专委会副主任，江苏省计算机学会常务副秘书长，江苏省高校计算机基础教学工作委员会副理事长，江苏省普通高校计算机等级考试中心副主任。2009年起组织南京大学计算机设计比赛校内选拔赛，2009—2013年作为指导教师，带领学生参加中国大学生计算机设计大赛荣获一等奖1项、三等奖4项。2013起担任中国大学生计算机设计大赛的评审。2014年开始，组织举办了江苏省大学生计算机设计大赛，并一直担任省赛秘书长工作，至今已成功举办了4届，目前江苏省内有近百所高校的近千件作品参赛，规模和质量不断提升。

金莹

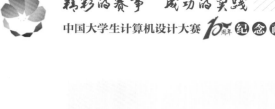

严宝平（南京艺术学院）

严宝平，男，1981 年 7 月出生，南京艺术学院数字媒体艺术副教授，自 2012 年加入大赛，历任六届评委。现为全国高校计算机教学研究会文科专委会会员、中国图像图形学会数码专业委员会会员、江苏人工智能学会会员、江苏科普美术家协会会员。

严宝平

牟堂娟（山东工艺美术学院）

牟堂娟，女，中共党员，山东工艺美术学院数字艺术与传媒学院动漫游戏艺术设计专业硕士研究生，副教授，连续多年担任国赛评审工作，自 2013 年第七届大赛开始筹备山东赛区组委会，并积极推动了山东省教育厅主办，在山东工艺美术学院承办的第七届、第八届山东赛区的大赛负责组织工作，并在之后两年继续承办了第九届和第十届山东省赛区的比赛。为大赛制作了奖状证书、T 恤衫、奖牌、宣传册、海报模板等，并为全国赛先后推荐了几十人次的评委，积极支持大赛的各项工作。

牟堂娟

国赛十年·卓越服务奖

为表彰在大赛数据处理、系统维护、专家遴选以及现场主持等方面付出大量时间并做出重要贡献的工作人员，向 3 位教师颁发本奖项。

尤晓东（中国人民大学）

尤晓东，男，中国人民大学信息学院副教授。参加了 2008—2017 年十届大赛，主要负责大赛赛务工作。具体工作主要包括：参与筹备与创立大赛，参与大赛章程的制定，参与大赛评审标准的编制，参与大赛《参赛指南》的编撰工作，参与大赛报名、数据整理、评审、决赛等赛务工作，负责大赛信息网站与竞赛网站的设计、开发、运维工作，负责大赛信息发布工作，参与大赛作品的评审工作。

尤晓东

邓习峰（北京大学）

邓习峰，男，1969 年 12 月出生，工作于北京大学信息科学学院，除教学工作外，主要从事交通大数据、烟草大数据等大数据相关领域的科研。在大赛中，担当过指导教师、领队、评委。从 2015 年开始，在大赛中主要负责大赛评委组织、现场评审组织、大赛现场主持以及赛后相关工作。

邓习峰

周小明（中国人民大学）

周小明，男，1982 年 3 月出生，工程师，工作于中国人民大学信息学院信息技术综合实验室，中国大学生计算机设计大赛组委会赛务委员会副秘书长。专业领域：计算机网络、云计算、虚拟化、深度学习与神经网络。在大赛中的主要工作是保障省级赛和国赛赛务信息系统的正常运转。

周小明

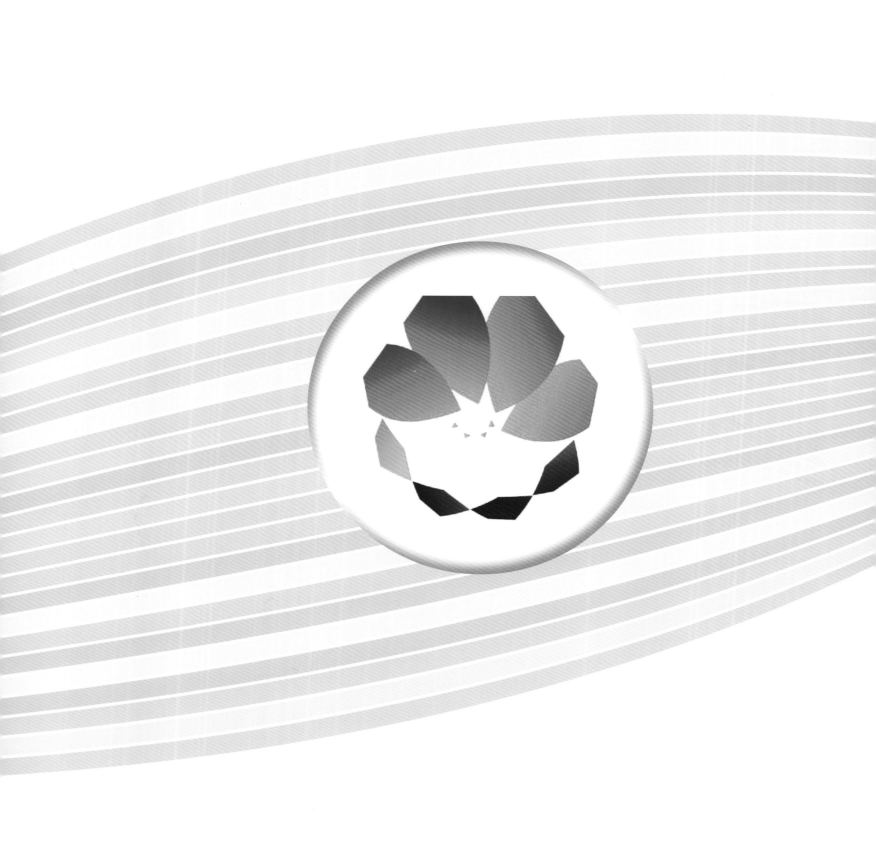

06

大赛要事　缀玉联珠

悠悠岁月艰辛多，
深深足印踏坎坷。
步步征程伴忧乐，
历历往事汇成歌。

2010 年 6 月　本届竞赛共有 171 所学校 548 件作品报名参赛

2010 年 7 月　武汉，华中师范大学举办学习平台设计类作品的决赛

2010 年 7 月　长春，东北师范大学举办非专业媒体设计类作品的决赛，在闭幕式颁奖环节首次增加学生文艺表演

2010 年 8 月　南宁，广西艺术学院举办专业媒体设计与电子音乐设计类作品的决赛

2010 年 11 月　发布"2011 年（第 4 届）中国大学生（文科）计算机设计大赛"通知

2011 年 3 月　由中国铁道出版社出版《2011 年参赛指南》

2011 年 6 月　本届竞赛共有 147 所学校 527 件作品报名参赛

2011 年 7 月　西安，分别在西北大学、西安电子科技大学、陕西师范大学举行决赛

2011

2012

2008 年 1 月　海口，海南大学，在"2008 年全国文科类计算机课程建设研讨会"上通报大赛承办组及考务组情况

2008 年 2 月　在文科教指委官网上设立计算机大赛专栏，接受参赛报名

2008 年 3 月　发布大赛评分标准；确定大赛类别

2008 年 7 月　武汉，华中师范大学，大赛更名为"中国大学生（文科）计算机设计大赛"举办首届竞赛，80 所高校 242 件作品参赛，其中 128 件参与现场决赛

2008 年 10 月　发布"2009 年（第二届）中国大学生（文科）计算机设计大赛"通知

2008 年 11 月　由中国铁道出版社出版《中国大学生（文科）计算机设计大赛 2009 年参赛指南》（简称《2009 年参赛指南》）

2010

2012 年 1 月　发布"2012 年（第 5 届）中国大学生计算机设计大赛"通知
大赛类别新增"中华民族文化组"
启动"校赛—省级赛—国赛"三级赛
更名为"中国大学生计算机设计大赛"，允许各专业的本科生参赛
启用大赛官网 www.jsjds.org

2012 年 3 月　由中国铁道出版社出版《2012 年参赛指南》

2012 年 6 月　本届竞赛共有 194 所学校 994 件作品报名国赛，省级赛参赛作品数接近千件

2012 年 7 月　杭州，浙江传媒学院举办数字媒体设计专业组、计算机音乐创作类作品决赛

2012 年 7 月　武汉，华中师范大学举办软件应用与开发类作品决赛

2012 年 8 月　昆明，云南师范大学举办数字媒体设计类中华民族文化组作品决赛

2012 年 8 月　长春，东北师范大学举办数字媒体设计类普通组作品决赛

2012 年 8 月　发布"2013 年（第 6 届）中国大学生计算机设计大赛"通知
大赛类别，新增"软件服务外包类"
首次允许高职学生参赛

2009

2009 年 2 月　启用竞赛系统 http://baoming.wkjsj.org

2009 年 7 月　武汉，华中师范大学，在决赛现场增加作品演示及专家点评环节

2009 年 9 月　发布"2010 年（第 3 届）中国大学生（文科）计算机设计大赛"通知

2009 年 11 月　由中国铁道出版社出版《2010 年参赛指南》

2008

2007

2007 年 9 月　北京，中国人民大学，提出创办全国文科大学生竞赛平台赛事名称为"中国大学生（文科）计算机设计大赛"

2007 年 11 月　发布"2008 年（首届）全国高校文科类大学生计算机设计大赛"通知，发布《全国高校文科类大学生计算机设计大赛章程》，限文科类本科生参赛

2013 年 5 月　由清华大学出版社出版《2013 年参赛指南》

2013 年 6 月　本届竞赛共有 330 所院校 2200 余件作品报名国赛，入围决赛作品数近千件

2013 年 7 月　杭州，浙江传媒学院，"举办软件应用与开发、计算机音乐创作类作品决赛、数字媒体设计类普通组与专业组作品决赛"

2013 年 8 月　昆明，云南财经大学，举办数字媒体设计类（中华民族文化组）作品决赛

2013 年 8 月　昆明，云南交通职业技术学院，举办高职高专组决赛

2013 年 8 月　杭州，杭州师范大学，举办软件服务外包类作品决赛

2013

2014

2015

2016

2017

2014 年 1 月　发布 "2014 年（第 7 届）中国大学生计算机设计大赛" 通知，新增 "动漫游戏创意类"，"微课与课件类" 等大赛类别

2014 年 5 月　由清华大学出版社出版《2014 年参赛指南》

2014 年 6 月　本届竞赛共有 451 所院校约 5200 件作品报名国赛

2014 年 7 月　沈阳，东北大学 "举办软件应用与开发类、计算机音乐创作类、微课与课件类作品决赛、数字媒体设计类作品决赛"

2014 年 8 月　宁波，宁波大学举办数媒设计民族文化组作品决赛

2014 年 8 月　杭州，杭州师范大学，举办软件服务外包类作品决赛

2014 年 8 月　郑州，中州大学举办高职高专组作品决赛

2014 年 11 月　福州，福建农林大学，举办动漫游戏创意类作品决赛

2014 年 12 月　发布 "2015 年（第 8 届）中国大学生计算机设计大赛" 通知，新增 "中华优秀传统文化微电影组" 大赛类别，高职学生不再参赛

2015 年 6 月　由清华大学出版社出版《2015 年参赛指南》

2015 年 3 月　长春，东北师范大学人文学院，召开国赛与省级赛负责人会议

2015 年 6 月，本届竞赛共有 389 所院校的 5500 件作品报名国赛

2015 年 7 月　武汉，武汉音乐学院，举办计算机音乐创作类作品决赛

2015 年 7 月　长春，东北师范大学人文学院 举办微课（课件制作）类作品决赛

2015 年 7 月　西安，西北大学，举办数字媒体设计类专业组作品决赛

2015 年 7 月　成都，西南石油大学，举办数字媒体设计类普通组作品决赛

2015 年 8 月　昆明，云南民族大学，举办中华民族文化组作品决赛

2015 年 8 月　上海，上海大学，举办软件应用与开发类作品决赛

2015 年 8 月　北京，北京语言大学，举办中华优秀传统文化微电影组作品决赛

2015 年 8 月　厦门，福州大学厦门工艺美术学院，举办动漫游戏创意设计大赛作品决赛

2015 年 8 月　杭州，浙江传媒学院，举办软件服务外包类作品决赛

2015 年 10 月　厦门，厦门理工学院，召开国赛及省级赛负责人会议

2015 年 10 月　发布 "2016 年（第 9 届）中国大学生计算机设计大赛" 通知

2015 年 10 月　北京，中国人民大学，召开大赛组委会主任（扩大）会议

2016 年 2 月　由浙江大学出版社出版《2016 年参赛指南》

2016 年 3 月　宁波，宁波大学，召开大赛国赛现场决赛与省级赛负责人会议

2016 年 6 月，本届竞赛共有 434 所院校的 6000 件作品报名国赛

2016 年 7 月　合肥，安徽大学，举办数字媒体设计类普通组专业组作品决赛

2016 年 8 月　北京，北京语言大学，举办数字媒体设计类微电影组作品决赛

2016 年 8 月　厦门，厦门理工学院，举办数字媒体设计类动漫组 / 微课与课件类作品决赛

2016 年 8 月　南京，东南大学，举办软件服务外包类 / 数字媒体设计类中华民族文化元素组作品决赛

2016 年 8 月　宁波，宁波大学举办计算机音乐创作类（专业组 & 普通组）作品决赛

2016 年 8 月　上海，华东师范大学，举办软件应用与开发类作品决赛

2016 年 10 月　发布 "2017 年（第 10 届）中国大学生计算机设计大赛" 通知

2016 年 10 月　海口，海南师范大学，召开中国大学生计算机设计大赛创新创业模式研讨会

2017 年 2 月　由浙江大学出版社出版《2017 年参赛指南》

2017 年 3 月　杭州，浙江音乐学院，召开大赛国赛现场决赛与省级赛有关负责人会议

2017 年 6 月，本届竞赛共有 435 所院校约 10000 件作品报名国赛

2017 年 7 月　成都，成都医学院，举办数字媒体设计类普通组作品决赛

2017 年 7 月　长春，吉林大学，举办数字媒体设计类专业组作品决赛

2017 年 7 月　北京，北京语言大学，举办数字媒体设计类微电影组作品决赛

2017 年 8 月　合肥，安徽新华学院，举办数字媒体设计类动漫组 / 微课与教学辅助类作品决赛

2017 年 8 月　上海，上海商学院，举办数字媒体设计类中华民族文化元素组作品决赛

2017 年 8 月　南京，南京师范大学，举办软件应用与开发类作品决赛

2017 年 8 月　杭州，杭州电子科技大学，举办软件服务外包类作品决赛

2017 年 8 月　杭州，浙江音乐学院，举办计算机音乐创作类（专业组与普通组）作品决赛

2017 年 10 月　合肥，安徽大学，召开大赛创新创业模式研讨会 启动大赛十周年纪念活动

2017 年 12 月　沈阳，沈阳师范大学，举办中国大学生计算机设计大赛指导教师研讨会

本画册出版得到东北师范大学人文学院出版基金支持

后 记

经过四个月的努力，画册终于可以在纪念大会前完成了。这是令人欣慰的事情，感谢参与画册编辑和纪念活动筹备的老师们。

在画册的编撰过程中，来自全国 55 所高校的 66 人以不同的方式贡献了自己的智慧和精力。由曹永存负责的资料组，收集和整理了十届大赛总计 44 场全国赛的照片、文字、视频、大赛作品等原始资料，工作量繁杂巨大。由李四达领导的设计组完成了画册结构的 6 大板块设计方案，娄宇爽同学负责画册内容排版工作，春节期间她还在加班加点。画册由 6 大板块内容组成，其中，尤晓东整理并分析了十年参赛作品数据，让"数说十年"有了内涵、也使得表彰先进"让数据说话"的原则得到落实，他还负责"大赛要事"板块的整理。刘志敏负责"大赛回顾"、"作品选录"板块，不厌其烦联系并动员作者撰写回忆文章，从过去十年出版的大赛指南中遴选作品；邓习峰负责"表彰先进"、"赛场花絮"板块，要逐一联系被表彰的老师，征求本人意见，还要从数以千计的图片库中按照时间和竞赛场次对作品进行分类遴选，在这个过程中李吉梅、杨勇、钦明皖、姚琳、王元亮等给予了大力的协助。为了确认照片上的某位领导的信息，我们还采用了最先进的"众包"技术，用微信平台现场进行，都及时得到了反馈。韩忠愿、徐东平负责画册整体内容及结构的优化，力争全面反映大赛各方面细节和数据，展示十年大赛的成果和全体参与者的风采。两位老师还"临危受命"，为六大板块逐一题写标题并赋诗一首，使得画册有了"文艺范"。由于参与的人较多，感谢难免挂一漏万，在此，大赛组委会对以任何方式为纪念画册出版添砖加瓦的师生表示感谢。

纪念画册的出版离不开中国铁道出版社的大力支持，特别是责任编辑王春霞的辛苦付出。他们克服巨大困难确保画册在会议之前出版，这充分体现了中国铁道出版社对中国大学生计算机设计大赛的厚爱。还要感谢北京大学，东北师范大学人文学院对于画册出版的经费支持，没有他们的慷慨赞助，画册的出版也是不可能的。

最应该感谢的当然还是中国大学生计算机设计大赛历时十年的全体参与师生，没有这数百所院校数万人次师生的积极参与和精彩表现，纪念画册也就失去了出版的意义。

衷心祝愿大赛越办越好！

中国大学生计算机设计大赛组委会

2018 年 1 月

中国大学生计算机设计大赛
十周年纪念画册工作组

顾　　问：卢湘鸿

领导小组：

组　长：杜小勇

副组长：刘志敏　邓习峰　尤晓东

设计组：

李四达（组长）　娄宇爽

资料组：

曹永存（组长）　温　雅

编审组：

李吉梅（组长）　韩忠愿　徐东平　姚　琳

学术组：

曹淑艳（组长）　金　莹　赵　宏

工作组成员（按照姓名拼音排序）：

曹　菡　陕西师范大学	曹永存　中央民族大学	崔建峰　厦门理工学院
邓习峰　北京大学	董卫军　西北大学	杜小勇　中国人民大学
高　博　福建农林大学	高　丽　华中师范大学	耿国华　西北大学
何　俊　福州大学厦门工艺美术学院	黄冬明　宁波大学	黄卫祖　东北大学

金 莹　南京大学	匡 松　西南财经大学	李吉梅　北京语言大学
李建辉　东北师范大学人文学院	李骏扬　东南大学	李秋筱　浙江音乐学院
李四达　北京服装学院	李小英　湖南大学	李智敏　上海商学院
梁 洁　云南大学	廖云燕　江西师范大学	林 菲　杭州电子科技大学
林贵雄　广西艺术学院	刘 刚　安徽新华学院	刘丽艳　西南石油大学
刘敏昆　云南师范大学	刘志敏　北京大学	陆 铭　上海大学
罗 滨　云南师范大学	吕英华　东北师范大学人文学院	马 利　南京信息工程大学
牟堂娟　山东工艺美术学院	潘瑞芳　浙江传媒学院	彭小宁　怀化学院
钦明皖　安徽大学	任 伟　成都医学院	佘玉梅　云南民族大学
孙中胜　黄山学院	唐汉雄　广西师范大学	王必友　南京师范大学
王晓东　宁波大学	王晓光　吉林大学	王学颖　沈阳师范大学
王 杨　西南石油大学	王元亮　云南财经大学	温 雅　西北大学
吴 卿　杭州电子科技大学	吴小开　杭州电子科技大学	谢 慎　杭州师范大学
徐东平　武汉理工大学	徐 琳　福建师范大学	许存福　安徽新华学院
许录平　西安电子科技大学	杨 青　华中师范大学	杨 勇　安徽大学
杨志强　同济大学	姚 琳　北京科技大学	尤晓东　中国人民大学
詹国华　杭州师范大学	张靖波　东北师范大学	赵艳芳　云南民族大学
赵一瑾　云南交通职业技术学院	郑 骏　华东师范大学	

图书在版编目（CIP）数据

精彩的赛事 成功的实践：中国大学生计算机设计大赛10周年纪念
画册：2008-2017/ 中国大学生计算机设计大赛组委会编 . —北京：
中国铁道出版社 , 2018.3
ISBN 978-7-113-24345-6

Ⅰ. ①精… Ⅱ. ①中… Ⅲ. ①大学生 - 电子计算机 - 设计 - 竞赛 - 中国 -
2008-2017 - 画册 Ⅳ. ① TP302-64

中国版本图书馆CIP数据核字 (2018) 第 047741 号

书　　名：**精彩的赛事 成功的实践　中国大学生计算机设计大赛10周年纪念画册（2008—2017）**
作　　者：中国大学生计算机设计大赛组委会 编

策　　划：王春霞　　　　　　　　　　　　　读者热线：（010）63550836
责任编辑：王春霞　鲍　闻
封面设计：崔　欣
责任校对：张玉华
责任印制：郭向伟

出版发行：中国铁道出版社（100054，北京市西城区右安门西街8号）
网　　址：http://www.tdpress.com/51eds/
印　　刷：中煤（北京）印务有限公司
版　　次：2018 年 3 月第 1 版　2018 年 3 月第 1 次印刷
开　　本：889mm×1194mm　1/12　印张：25.5　字数：341 千
书　　号：ISBN 978-7-113- 24345-6
定　　价：198.00 元